Inga F. Sprünken

FRED&OTTO
unterwegs im
Rheinland
Wanderführer für Hunde

Inga F. Sprünken

FRED & OTTO
unterwegs im
Rheinland
Wanderführer für Hunde

Impressum

Bibliografische Informationen der Deutschen Nationalbibliothek
Die Deutsche Nationalbibliothek verzeichnet diese Publikation in der Deutschen Nationalbibliografie; detaillierte bibliografische Daten sind im Internet über
http://dnb.d-nb.de abrufbar.

ISBN: 978-3-95693-011-9

Grafisches Gesamtkonzept, Satz und Layout: Stefan Berndt – www.fototypo.de

© Copyright: FRED & OTTO – der Hundeverlag / 2014/15

www.fredundotto.de

Alle Rechte, auch die des Nachdrucks von Auszügen, der fotomechanischen und digitalen Wiedergabe und der Übersetzung, vorbehalten.

Illustration: Leandro Alzate (www.leandroalzate.com)

Trotz intensiver Recherchen können sich Telefonnummern etc. und Details, selbst Wege verändern. Wir freuen uns deshalb, wenn Sie uns Verbesserungsvorschläge schicken. Alle Angaben sind ohne Gewähr.

Abbildungsnachweis

Alle Fotos:
Inga F. Sprünken

Finde uns auf Facebook unter www.facebook.com/fredundotto

Inhalt

	Vorwort	6
	Wandern mit Hund	8

Rund um Köln

Tour 1: Über den Trödelöh zum Jakobsweg	19
Tour 2: Von der Burg Wissem zum Telegraphenberg	25
Tour 3: Dellbrücker Heide und Dünnwald	31
Tour 4: Entlang der Kölschen Riviera	37
Tour 5: Durch die Erftaue zum Wasserschloss Türnich	43
Tour 6: Dem wilden Werwolf auf der Spur	49

Rund um Düsseldorf

Tour 7: Schloss Benrath und Zollveste Zons	57
Tour 8: Zu Besuch in der Urzeit: Das Neandertal	63

Bergisches Land

Tour 9: Auf Goldesels Spuren zur Dhünntalsperre	71
Tour 10: Rund um Bensberg	77
Tour 11: Auf dem Bergbauweg zum Lüderich	83
Tour 12: Unterwegs auf alten Pilgerpfaden	89
Tour 13: Unterwegs in der Bergischen Schweiz	93
Tour 14: Rund um das Bergische Freilichtmuseum	99
Tour 15: Natur pur mit Bergbaukultur	105
Tour 16: Auf dem Bierweg durch das Bergische Land	109

Zwischen Rhein und Sieg

Tour 17: Unterwegs in den Auenlandschaften der Sieg	117
Tour 18: Schloss Auel und Gammersbacher Mühle	123
Tour 19: Wildkräuter-Rundweg im Naafbachtal	129
Tour 20: Rund um die Wahnbachtalsperre	135
Tour 21: Auf dem Holzweg nach Winterscheid	141
Tour 22: Unterwegs zur Burg Blankenberg	147
Tour 23: Entlang der Sieg zur Burgruine Windeck	153

Vorgebirge Eifel Siebengebirge Westerwald

Tour 24: Pilgern nach Phantasialand	161
Tour 25: Burgenrundweg Naturpark Rheinland	165
Tour 26: Durch'n Rheinbacher Stadtwald nach Tomburg	171
Tour 27: Von der Burg Satzvey zu den Katzensteinen	177
Tour 28: Burg Olbrück und Rodder Maar	183
Tour 29: Löwenburg und Drachenfels	189
Tour 30: Vom Löwenbrunnen zum Kloster Marienstatt	195

Vorwort

Was für Menschen mit Hund ganz selbstverständlich ist, nämlich gemeinsam mit ihnen in der Natur unterwegs zu sein, ist für andere Leute ein Trend. War es mit der Walz der Handwerksgesellen einst noch eine selbstverständliche Berufsnotwendigkeit, zelebrierte die Generation der Jugendbewegung das Wandern in Liedern und Unternehmungen als Emanzipation von der verkrusteten Erwachsenenwelt. Ende der 1980er Jahre stellte sich jedoch die Frage, ob das Wandern in Schulen pädagogisch noch vermittelbar sei. Kinder und Jugendliche sahen Wandern als langweiligen Seniorensport an.

Stattdessen joggte man, fuhr Rad, lief Ski oder fuhr Kanu. Im Rahmen der Outdoor-Bewegung ist heute jedoch wieder alles „hipp", was draußen stattfindet. Und dazu gehört auch das Wandern. Über 35 Millionen Deutsche wandern, um die Natur zu genießen, vom Alltag abzuschalten und sich fit zu halten. Denn richtiges Wandern ist fast so effektiv wie Laufen. Und laut dem Allensbacher Institut für Demoskopie werden die Leute dabei auch immer jünger. Das Durchschnittsalter liegt inzwischen bei 42 Jahren.

Dieser Trend brachte zwangsläufig zahlreiche Wanderführer hervor. Denn nicht nur in den Bergen kann man wandern, sondern auch direkt vor der Haustür. Was aber bisher fehlte, war ein umfangreicher Wanderführer für Menschen mit Hund. Und was lag da näher, als nach dem Stadtführer für Hunde, nun auch einen Wanderführer für Hunde in der Buchreihe „Fred & Otto unterwegs in..." zu entwickeln? So waren wieder Bijou und Emile, die elfjährige Jack-Russel-Mix-Hündin und der vierjährige Whippet-Rüde, im Rheinland unterwegs.

Nachdem sie gemeinsam mit Frauchen schon Köln erkundet hatten, haben sie sich nun – mit Unterstützung anderer Hundefreunde – das gesamte Rheinland vorgenommen. In knapp sechs Monaten sind sie zwischen Düsseldorf und Königswinter, der Vulkaneifel und dem Westerwald knapp 400 Kilometer gelaufen, um alles zu

finden, was Vier- und Zweibeinern Spaß machen könnte. Dabei haben sie nicht nur reine Wander-, sondern ganze Ausflugstouren unternommen. Es ging ins Museum, auf Berge und Burgen, in mittelalterliche Städtchen, auf Fähren, in Freizeitparks und Schlossgärten. Und überall gab es jede Menge zu entdecken. Was, erfährt der Leser in diesem Buch.

Viel Spaß beim Entdecken wünschen Emile und Bijou mit Frauchen Inga F. Sprünken!

Was zu beachten ist ...

Wandern mit Hund

Wandern mit Hund: Ist das etwas anderes als der tägliche Spaziergang? Ja, auf jeden Fall! Die Touren sind länger und haben unterschiedliche Schwierigkeitsgrade. Abseits bekannter Spazierwege gelten oft andere Regeln. Zudem gibt es zusätzliche Aspekte für den Vierbeiner zu berücksichtigen. Schließlich trägt der Besitzer die Verantwortung für sich und seinen besten Freund. In diesem Kapitel sind alle wichtigen Informationen kurz und bündig zusammengefasst.

Daten und Fakten zum Wanderführer

Der Wanderführer richtet sich an Urlauber genauso wie „Einheimische", die neue Routen entdecken möchten. Die meisten Touren sind Rundwanderungen, bei denen unterwegs eine hundefreundliche Einkehrmöglichkeit besteht. Auch wurde bei der Auswahl darauf geachtet, Touren in unterschiedlicher Länge, für verschiedene Jahreszeiten und mit unterschiedlichen Schwierigkeitsgraden vorzustellen: leicht, mittelschwer und schwer. Natürlich entspricht diese Einstufung individuellem Empfinden. Wobei die Einteilung auf einen durchschnittlich geübten Wanderer mit seinem Hund abgestimmt ist. Leichte Wanderungen entsprechen breiten Forst- oder Wanderwegen. Mittlerschwere und schwere Wanderungen sind anspruchsvoller. Hier können lange Wege, leichte Steigungen, schmale Pfade und eventuell Geröll, übergroße Steine, rutschige Wurzeln das Wandern erschweren.

Gehzeiten entsprechen der allgemein üblichen Berechnung: Bei flachen Strecken wurden 4 Kilometer beziehungsweise 300 Höhenmeter pro Stunde kalkuliert.

Die Touren in dem Wanderführer sind in verschiedene Regionen untergliedert, nummeriert und entsprechend in den Klappkarten eingezeichnet. Detailbeschreibungen der Touren in diesem Buch wurden nach bestem Wissen und Gewissen recherchiert, wobei es möglich sein kann, dass Strecken sich ändern – die Natur verändert sich, Wege wuchern zu oder werden anders gelegt, deshalb freuen wir uns auch jederzeit auf Ihr Feedback.

Ein besonderer Service dieses Buches ist das Adressverzeichnis, welches übersichtlich strukturiert neben Touristeninformationen, Hotels und Gaststätten zudem Kontaktdaten von Tierärzten vor Ort enthält.

Anleinen oder nicht?
Die Vorschriften in Landschafts- und Naturschutzgebieten

Während in der Stadt und ihren Grünanlagen eine generelle Anleinpflicht (maximale Länge der Leine: 1,50 Meter) für Hunde besteht, gibt es in den Stadtrandbereichen auch Gebiete außerhalb der offiziell ausgewiesenen Freiaufflächen, in denen Hunde ohne Leine laufen dürfen.

Das sind die so genannten Landschaftsschutzgebiete. Zu denen zählen in der Stadt und auf dem Land zunächst einmal alle Gebiete ohne Bebauung. Dort dürfen Hunde auf den Wegen unangeleint laufen, diese aber nicht verlassen. Dabei dürfen sie natürlich niemanden gefährden. Anders sieht es in den Wäldern aus. In Forstgebieten müssen Hunde mit Jagdtrieb grundsätzlich an die Leine. Insbesondere in Jagdgebieten kümmern sich die Jäger um die Hege des Wildes und haben das Recht, wildernde Hunde abzuschießen. Vorsicht ist also geboten, wenn der Hund dem Reh hinterherläuft. Das kann unter Umständen nicht nur für das Reh tödlich enden.

Generelle Anleinpflicht herrscht in allen Naturschutzgebieten, da hier der Schutz bedrohter Pflanzen- und Tierarten an vorderster Stelle steht. Und auch auf landwirtschaftlichen Flächen müssen Hundehalter besonders auf ihre Tiere achten. Hunde dürfen keine eingesäten Pflanzen beschädigen oder die Anbauflächen als Hundeklo nutzen. Landwirte weisen oftmals mit Schildern darauf hin.

Wandern – gut geplant macht doppelt Spaß

Jeder, der einen Vierbeiner hat, ist täglich draußen unterwegs. Doch anders als der Alltagsspaziergang benötigt eine Wanderung etwas Vorbereitung. Wichtig ist dabei, nicht nur die eigene Kondition, sondern auch die des Hundes richtig einzuschätzen. Entsprechend sollten dann Tourlänge, Schwierigkeitsgrad und Pausen darauf abgestimmt werden. Lange Wanderungen sind übrigens für Hundewelpen und Junghunde – je nach Rasse von 12 Monaten bis zu 2 Jahren –, kranke sowie auch ältere Hunde nichts! Gleiches gilt für schwere und kurzbeinige Rassen oder untrainierte Hunde. Dementsprechend bitte Tourlänge und Schwierigkeitsgrad lieber langsam steigern.

Wetter und Gewitter

Es schadet nichts, sich selbst ein wenig in das Thema Wetterkunde einzuarbeiten. Erster Anhaltspunkt ist zum Beispiel die Himmelsfarbe. Hier gibt es zwei ganz einfache Sprüche, die sich jeder schnell merken kann: Romantisches Abendrot – Schönwetterbot. Morgenrot – Schlechtwetter droht.

Ein aufschlussreiches Bild über die Wetterentwicklung gibt die Wolkenformation. Einzelne, weit auseinandergezogene Zirrus- oder Federwolken weisen auf schönes Wetter hin. Falls sich diese jedoch verdichten und der Luftdruck fällt, ist mit Niederschlag zu rechnen. Achtung bei den sogenannten Ambosswolken (Cumulonimbuswolken): Hier ist mit einem schweren Unwetter zu rechnen. Luftdruck, Tierwelt und sogar Pflanzen wie die Königskerze sind weitere Indizien für eine Wetterprognose. Doch eine genauere Ausführung führt an dieser Stelle zu weit.

Trotz aller Vorsicht ist keiner davor gefeit, vom Gewitter überrascht zu werden. Wer zwischen Blitz und Donner nicht mehr langsam bis zehn zählen kann, sollte sich schleunigst in Sicherheit bringen. Ein Blitz schlägt meist in die höchste Erhebung, zum Beispiel einen Baum, ein. Hier kann die Spannung auf den Menschen überspringen. Zudem bergen herabfallende Äste ein großes Verletzungsrisiko. Dementsprechend gilt bei Gewitter der Spruch: „(Nicht nur) vor Eichen sollst du weichen."

Als Wanderer sollte man auf jeden Fall das freie Feld verlassen, um nicht selbst die höchste Erhebung zu sein. Wer keine Chance mehr hat, Schutz zu suchen, hockt sich mit nah zueinanderstehenden Füßen – wobei jeder einzelne Wanderer gebührend Abstand zum Nächsten halten muss – auf den Boden. So gibt man eine möglichst kleine Angriffsfläche ab. Alle leitenden Gegenstände, wie zum Beispiel Wanderstöcke, werden dabei möglichst weit weg von Mensch und Tier platziert.

Die richtige Ausrüstung für den Menschen

„Am besten ist, wenn sich der Wanderer nach dem Mehrschichtensystem anzieht", erklärt Petra Thaller, Chefredakteurin und Herausgeberin des Mountains4U, dem interaktiven Tablet-Magazin für Bergsport- und Outdoor. „Das heißt, er trägt aufeinander abgestimmte Bekleidungsschichten aus Funktionswäsche, Wanderbekleidung, Wärmeschutz und Regenschutz. So wird es einem nie zu heiß oder zu kalt. Doch das Allerwichtigste beim Wandern sind gut eingelaufene, nicht zu kleine Wanderschuhe mit robuster Profilsohle." Wobei es laut der Outdoorspezialistin reine Geschmackssache ist, ob sich der Wanderer für leichte Trekkingschuhe oder robustere Wanderstiefel entscheidet.

Bei langen Touren sollte man auch an Proviant für die Hunde denken

Nur solle er unbedingt auch auf funktionelle Socken achten, sonst sei die erste Blase bald vorprogrammiert.
Und wer Knieprobleme hat, dem helfen ein paar praktische Teleskopwanderstöcke den Abhang hinab.
Für Tageswanderungen reicht ein guter Rucksack von 20–35 Liter Volumen. Richtig gepackt, ist er beim Tragen kaum mehr zu spüren und schont zudem den Rücken. Dafür sollte der Schwerpunkt relativ hoch, dicht am Körper und möglichst in Schulterhöhe liegen – so zieht der Rucksack beim Tragen nicht nach hinten. Während kleine Utensilien in das Deckenfach kommen, ist das Hauptfach für Bekleidung und Proviant vorgesehen. Die Last wird vom Hüftgurt und nicht von den Schultergurten getragen. Letztere also nicht zu stramm ziehen. In den Rucksack gehören auf jeden Fall 1–2 Liter Wasser, Proviant wie Müsliriegel, Traubenzucker und (Trocken-)Obst sowie eine Wanderkarte. Standard sollten zudem ein Erste-Hilfe-Set mit Rettungsdecke, Taschentüchern und Sonnenschutz sein. Bewährt haben sich als Zusatzgepäck zudem ein paar Ersatzsocken, Ersatzschnürsenkel, ein Multifunktionsmesser sowie eine Stirnlampe. Mittlerweile geht kaum jemand mehr ohne Mobiltelefon aus dem Haus. Damit es auch unterwegs zuverlässig funktioniert, gibt es kleine leichte Zusatzakkus, die den Handybetrieb nochmals um einiges verlängern. Fotofreunde packen zudem ihre Kamera ein. Pilz-, Kräuter- und Beerensammler haben eine Extra-Tasche für ihre Fundstücke im Gepäck.

Das braucht der Hund unterwegs

Während die klassische Leine durchaus im Flachland wandertauglich ist, sollte der Hund bei anspruchsvolleren Touren ein Brustgeschirr tragen. Als Verbindung zum Menschen ist dann entweder eine Flexileine oder eine spezielle Gummileine zu empfehlen. So schleift nichts auf dem Boden herum. Wer mit Wanderstöcken läuft, bindet sich zudem einen Hüftgurt für die Leine um oder befestigt diese per Karabinerhaken – mit entsprechender Notauslösung – am Gürtel.

Ins Hundegepäck gehören ein faltbarer Napf sowie eine kleine Notfallapotheke, die neben den Standards für den Menschen zudem Watte, eine Zeckenzange sowie eine Maulschlinge enthält. Auch wenn man sich in der Natur befindet, sollte der Hundekot zum Beispiel auf Weidewiesen und überall da, wo sich Mensch oder Tier ernähren, hinstellen oder hinsetzen könnten, eingesammelt werden. Man mache sich dabei bewusst, dass, sofern der Kot auf den Wiesen liegen bleibt und von Kühen versehentlich verspeist wird, er indirekt wieder in unserer Nahrungskette – zum Beispiel als Milch – auf dem Tisch landet. Abgesehen davon wird vermutet,

Das Halsband ist eher für Touren im Flachland geeignet

dass Hundekot im Viehfutter (Gras/Heu) für Kälbersterben verantwortlich ist. Eine gut verschlossene Plastikbox bringt die befüllte Hundetüte sicher zum nächsten Abfallbehälter.

Im Gegensatz zum Menschen braucht der Vierbeiner unterwegs keine große Mahlzeit. Wasser, etwas Obst, Leckerlies o.ä. tun es auch. Gefressen wird entweder rechtzeitig – also mindestens 1,5 Stunden – vor der Wanderung sowie danach aufgrund des erhöhten Energiebedarfs. Wer zwei leichte Mikrofaserhandtücher im Gepäck hat, kann einen nassen Hund vor dem Betreten des Gasthauses abtrocknen. Das zweite Tuch dient als Liegefläche für kalte Böden.

Zu guter Letzt sollte der Hund auch eine zuverlässige Grunderziehung mitbringen. Befehle wie „Sitz", „Platz",„Stop" und „Bleib" sind Voraussetzung für ein entspanntes Wandern. Auch wenn man sich allein in der Natur befindet – spätestens im Gasthaus trifft man auf Menschen und eventuell andere Vierbeiner: Dementsprechend ist die Sozialverträglichkeit des Vierbeiners äußerst hilfreich für Wanderungen.

Verantwortung für den Hund, die Natur und Mitmenschen

Als Mensch und Wanderer müssen wir für unseren vierbeinigen Begleiter mitdenken. Zwar ist der Hund mit natürlichem Allrad ausgestattet und sucht sich intuitiv immer den besten Weg, dem auch wir Menschen folgen können. Doch man bedenke bei langen oder auch Mehrtagestouren, dass der Hund normalerweise 17 bis 20 Stunden Ruhe am Tag benötigt. Dementsprechend also zwischendrin Pausen einplanen.

Steile Wege sind für Hunde in der Regel kein Problem, wobei zu viel davon (bergrunter) die Gelenke sehr belasten kann. Schwierigkeiten könnten sie auch an Gitterrosten oder Hängebrücken haben. Gerade ängstliche Tiere sollten auf solche Hindernisse langsam vorbereitet werden. Was der Mensch aufgrund der Wanderschuhe kaum merkt, ist für den Hund eine Tortur: scharfe, spitzkantige Steine und Dornen. Am besten die Ballen regelmäßig prüfen und bei Bedarf mit Melkfett o.ä. einreiben oder Pfotenschuhe tragen lassen.

Sollte man sich während der Wanderung verlaufen, auf jeden Fall zur letzten bekannten Wegmarkierung zurückkehren oder auf breiten Forstwegen wandern.

Ein besonders heikles Thema ist die Kombination Hund und Kuh. Gerade im Frühjahr reagieren Mutterkühe empfindlich auf unsere Vierbeiner. Ganz besonders schlimm ist es, wenn Hunde auch noch bellen oder eventuell hektisch herumlaufen. Deshalb gilt in der Regel das Anleingebot. Eine angriffslustige Kuh erkennt man übrigens am Schnauben, dann senkt sie den Kopf und prescht los. Neben Kühen gilt es unterwegs auch auf Wild

In Waldgebieten gelten besondere Vorschriften

zu achten! Denn auch der bravste Hund findet ein davonlaufendes Reh interessant. Man bedenke dabei: Ein wildernder Hund darf von Jägern erschossen werden!

Unterwegs in ländlichen Gebieten stößt man zudem auch auf andere Tiere: Katzen, Ziegen, Schafe, Hühner oder Gänse, die auf den Höfen gehalten werden oder manchmal auch frei herumlaufen.

Wer sich gerne in der Natur bewegt, dem liegt das Thema Naturschutz sicher auch am Herzen. Dementsprechend wandert der rücksichtsvolle Mensch in Naturschutzgebieten auf den markierten Wegen. So werden keine Anpflanzungen zerstört oder Bodenbrüter aufgeschreckt. Seltene Pflanzen dürfen zwar bestaunt, aber nicht abgepflückt werden. Und natürlich wird der eigene Müll mitgenommen und in der Zivilisation entsorgt.

Jetzt aber: Ran da, also: Raus da! Viel Spaß beim Wandern, der Ruhe im Wald, frischer Luft, Ausgeglichenheit. Weidmannsheil.

Rund um Köln

TOUR 1

größtes zusammenhängendes Waldgebiet der rechtsrheinischen
Mittelterrasse – Monte Trodelööh – Kölner Elisabethpfad

Über den Trödelöh zum Jakobsweg

Hundefreundlichkeit: **Die Strecke verläuft durch ein großes Wald- und Naturschutzgebiet (Vorschriften beachten), das gerne auch von Hundehaltern besucht wird. Da der Königsforst sehr wasserreich ist, kommt man immer wieder an Wasserläufen oder Teichen vorbei, wo die Hunde trinken und baden können. Auf dem Monte Trodelöh gibt es sogar einen „Hundeparkplatz".**

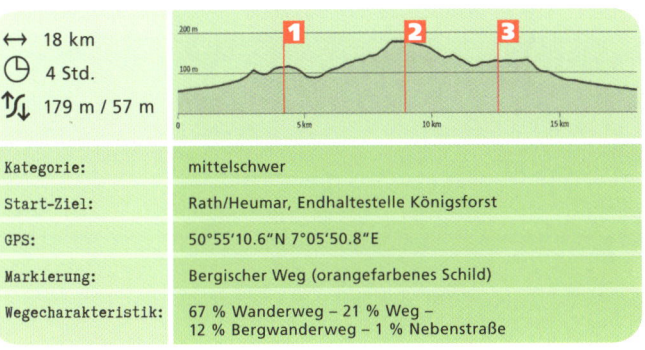

↔ 18 km
🕓 4 Std.
↕ 179 m / 57 m

Kategorie:	mittelschwer
Start-Ziel:	Rath/Heumar, Endhaltestelle Königsforst
GPS:	50°55'10.6"N 7°05'50.8"E
Markierung:	Bergischer Weg (orangefarbenes Schild)
Wegecharakteristik:	67 % Wanderweg – 21 % Weg – 12 % Bergwanderweg – 1 % Nebenstraße

Los geht es an der Schmitzebud, wie der historische Kiosk liebevoll genannt wird. Das erste Büdchen am Hügelgrab des Rather Mauspfades wurde 1898 zur Eröffnung der Straßenbahnlinie Königsforst erbaut und wurde in den 30er Jahren mit dem Bau der Rösrather Straße zum Treffpunkt der Kölner Rennradsportlegenden. Die Familie Schmitz gab ihm seinen Namen und führte ihn nach dem Krieg noch bis 1982. Nach Auslaufen des letzten Pachtvertrages 2007 sollte er endgültig geschlossen werden, wurde aber von einer Initiative aus Radrennfahrern und Kölnern gerettet. Derzeit steht er allerdings wieder leer.

Vom Kiosk aus läuft man auf der Forstbacher Straße knapp 300 Meter Richtung Osten, um auf den Steinbruchweg zu gelangen, der aus Rath hinausführt. Auf dem Steinbruchweg läuft man vorbei am Kleinen Steinberg (97 Meter) zum **1** Monte Trodelöh, wie die mit 118 Metern höchste Erhebung Kölns genannt wird. Seinen lustigen Namen verdankt der „Berg" den drei städtischen Mitarbeitern Troost, Dedden und Löhmer,

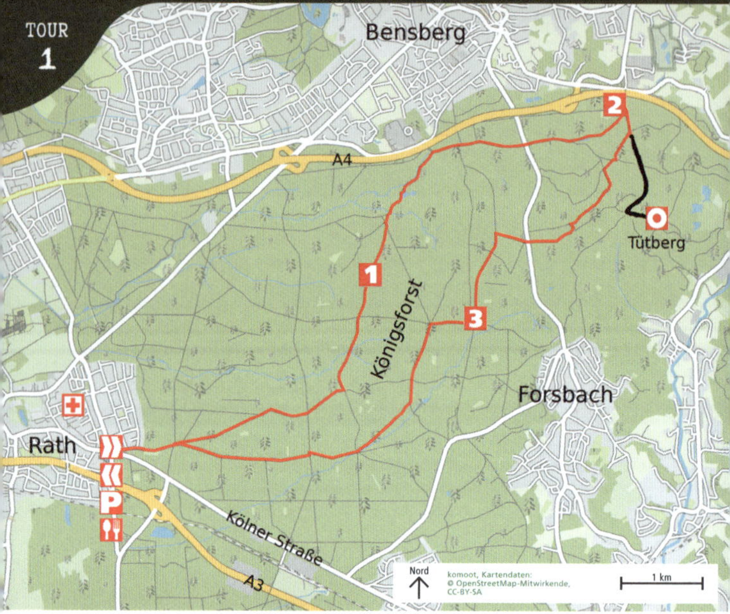

TOUR 1

Der Monte Trödelöh ist mit 118 m die höchste Erhebung Kölns

die ihn 1999 erstmals erwanderten und dort ein provisorisches Gipfelkreuz aufstellten.

Weiter Richtung Norden geht es vorbei am Kettners Weiher. Dabei überquert man den Flehbach. An dessen Ufern wurde 1975 ein Schatz mit 3600 römischen Bronzemünzen und Werkzeugen gefunden, der heute im Rheinischen Landesmuseum in Bonn aufbewahrt wird. Entlang des Böttcher Baches knickt der Weg sachte in Richtung Osten ab, wobei man auf die historische Brüderstraße gelangt, ein mittelalterlichen Handelsweg, der einst Köln mit dem Siegerland verband und Teil des Jakobswegs ist – er ist auch bekannt als Kölner Elisabethpfad. Nach Überquerung der Landstraße (Friedrich-Offermann-Straße) geht es weiter geradeaus entlang des Holzerbachs und kleinen malerischen Froschteichen zum 2 Forsthaus Steinhaus, dem Wendepunkt der Tour – man hat jetzt einmal komplett den Königsforst durchwandert.

Immer wieder kommt man an kleinen Teichen vorbei

Das historische Forsthaus ist Teil des Infoportals Königsforst/Wahner Heide

Das Forsthaus diente etwa 200 Jahre lang, bis 2003, als Dienstwohnung des Revierförsters es wurde im Jahre 1403 erstmals erwähnt. Im Rahmen der Regionale 2010 wurde das Steinhaus zu einem Infoportal ausgebaut und ist neben Burg Wissem, Gut Leidenhausen und dem Turmhof eines von vier Besucher-Portalen, in denen man auf Entdeckungsreise durch das Naturschutzgebiet gehen kann (www.wahnerheide-koenigsforst.de). Das Regionalforstamt Bergisches Land hat in dem historischen Fachwerkensemble ebenfalls seinen Sitz. Vom Forsthaus geht es nun weiter in Richtung Süden. Nach etwa 300 Metern kommt man an eine Weggabelung. Geht man weiter geradeaus und folgt dem Lehmbacher Weg, kann man einen Abstecher zum 🔴 Tütberg machen (etwa 1,2 Kilometer hin und zurück). Der Tütberg ist mit 212 Metern der höchste Berg des Königsforstes. Auf unserer Rundwanderung ist jedoch das nächste Etappenziel die

An den Froschteichen gibt es einiges Getier zu entdecken

Strecke der alten Sülztalbahn. Dazu biegt man an der Weggabelung nach rechts und folgt dem Weg etwa 500 Meter. Man biegt für ein kurzes Stück links auf die Brüderstraße ab und hält sich anschließend gleich wieder links. An der nächsten Möglichkeit folgt man dem Weg erneut nach links, um anschließend für knapp 1,7 Kilometer entlang des Wahlbaches in Richtung Westen zu wandern. Dabei überquert man wieder die Landstraße und gelangt schließlich auf der Strecke der alten Sülztalbahn, die Köln, Mülheim und Lindlar verband. Hält man sich nun links, kommt man nach weniger als einem Kilometer zum ehemaligen

3 Bahnhof Forsbach. An ihn erinnert heute nur noch ein Gedenkstein und das Kopfsteinpflaster. 1890 eröffnet, wurde die Strecke 1961 stillgelegt und der Bahnhof als Wohnhaus genutzt, das jedoch nicht mehr existiert.

Nach dem Bahnhof schwenkt man nach rechts auf den Brück-Forsbacher Weg, wo man nach etwa 500 Metern zur Kaisereiche gelangt. Sie ist die Nachfolgerin einer Eiche, die bereits auf Karten von 1893/95 verzeichnet ist. 1908 ließ Kaiser Wilhelm II. zu Ehren seines Großvaters Kaiser Wilhelm I. ebenfalls eine Eiche pflanzen, die aber den Ersten Weltkrieg nicht überlebte. Aus zurückgebliebenen Eicheln erwuchs auf der gegenüberliegenden Seite das heutige Exemplar, an dem sich Bänke und eine Schutzhütte befinden. Hier folgt man links in Richtung Süden dem Pionier-Hüttenweg, wo man an der zweiten Abzweigung nach rechts läuft. Nach ca. 800 Metern gelangt man zu einer beliebten Kneipp-Wassertretstelle. Hier kann man, bevor man die letzte Etappe in Angriff nimmt, in Ruhe durch das Wasser schreiten, während die Hunde baden. Geradeaus in Richtung Westen mit einem kurzen Linksschwenk kommt man nach drei Kilometern zurück zum Ausgangspunkt.

Der Königsforst diente schon immer der Forstwirtschaft

Tipp

Die Tour führt einmal durch den Königsforst. Wem das zu weit ist, kann jederzeit abkürzen, indem er dann nicht bis zum Forsthaus läuft, sondern schon vorher eine der vielen Querverbindungen nimmt. Die Wege, die den Königsforst durchziehen, sind zumeist parallel aufgebaut. So kann man etwa auch hinter dem Bahnhof Forsbach nach links einen Abstecher zur Forsbacher Mühle, einem Restaurant und Hotel mit Mühlteich und Mühlrad, machen. Dort sind Hunde im Restaurant und Biergarten erlaubt, aber nicht im Hotel.

Info

🚋 Tram 9 bis zur Endhaltstelle Königsforst

🅿️ Parkplätze an der Haltestelle Rath-Heumar oder Rösrather Straße

🗺️ Wanderkarte NRW: Bergisch Gladbach, Odenthal, Königsforst (Landesvermessungsamt NRW)

🍴 Café am Königsforst
Rösrather Straße 759
51107 Köln
www.cafe-am-königsforst.de
täglich geöffnet

🏨 Restaurant-Hotel Gut Wistorfs
Olpener Straße 845
51109 Köln-Brück
www.gut-wistorfs.de
Hunde auf Anfrage erlaubt

ℹ️ Bündnis Heideterrasse e.V.
Kammerbroich 67
51503 Rösrath
Tel.: 02205-9477803
www.heideterasse.net

➕ TÄ Dr. Birgitta Nahrgang
Stachelsweg 20 a
51107 Köln - Rath/Heumar
Tel.: 0221-866217
www.koelntierarzt.de

TOUR 2

Wahner Heide – sandige Heidelandschaften – Waldgebiete mit Tümpeln und Weihern – Ziegenberg

Von der Burg Wissem zum Telegraphenberg

Hundefreundlichkeit: Die gesamte Heidelandschaft steht unter Naturschutz (Vorschriften beachten). In den Waldgebieten gibt es kleine Bachläufe und Weiher, wo Hunde schwimmen und trinken können. Aufpassen sollte man an den Ginsterbüschen und niedrigen Heidegewächsen, in denen Zecken lauern könnten, darum Hunde vorher mit ätherischen Ölen einsprühen oder anschließend absuchen. Zum Teil verläuft die Tour parallel der ehemaligen Panzerstraße und vorbei am Heideportal Burg Wissem, wo ein Wildgehege ist. Aufpassen und auf den Wegen bleiben sollte man auch in der sogenannten roten Zone, weil dieses Gebiet noch mit Munitionsresten aus der Zeit der Nutzung als Truppenübungsplatz belastet ist. Im Infozentrum Wahner Heide sind Hunde erlaubt.

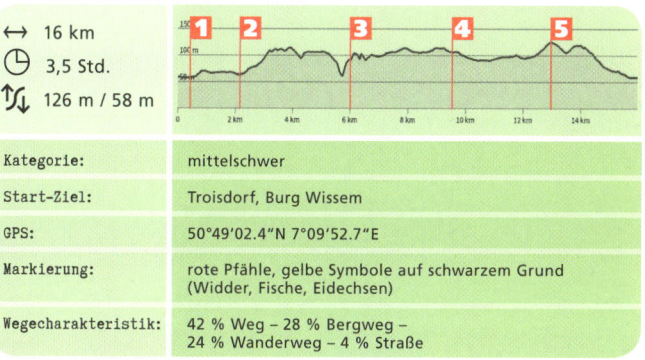

↔ 16 km
⏱ 3,5 Std.
↗ 126 m / 58 m

Kategorie:	mittelschwer
Start-Ziel:	Troisdorf, Burg Wissem
GPS:	50°49'02.4"N 7°09'52.7"E
Markierung:	rote Pfähle, gelbe Symbole auf schwarzem Grund (Widder, Fische, Eidechsen)
Wegecharakteristik:	42 % Weg – 28 % Bergweg – 24 % Wanderweg – 4 % Straße

Los geht es am **1** Wahner Heide-Portal Burg Wissem, einem der reizvollsten Orte in der Region. Neben dem Info-Portal, das man durch einen historischen Torbogen hinweg erreicht, findet sich in der Burg auch das Bilderbuchmuseum und in dem gegenüberliegenden Neubau die Heide-Ausstellung mit dem Thema „Natur erzählt Geschichten" sowie die Tourist-Information. Geht man durch den Torbogen, erreicht man am Wildgehege den Sinnespfad. Hier gibt es drei Sprechrohre, die mit unterirdischen Röhren miteinander verbunden sind und über

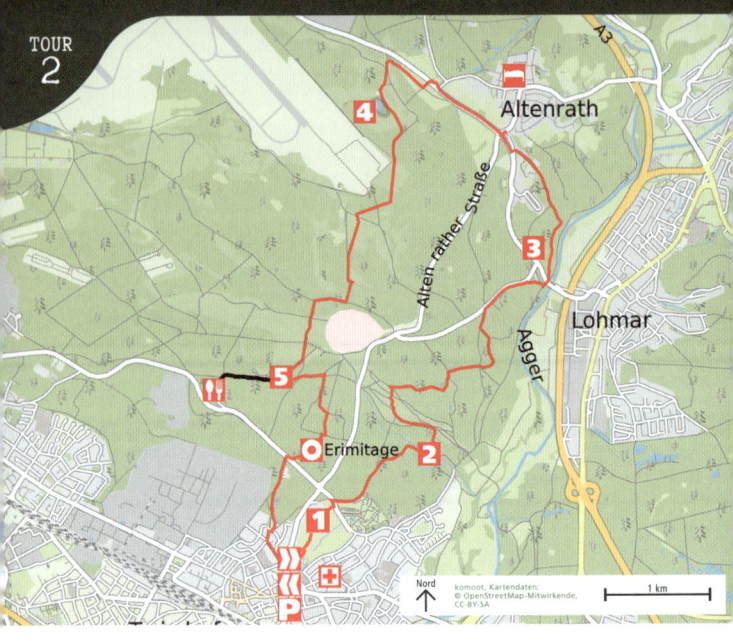

die man miteinander kommunizieren kann.

Auf dem Wilhelm-Stricker-Weg bleibend, erreicht man schon bald den Mauspfad, den man überquert. Dort, neben dem Friedhof, beginnt das Naturschutzgebiet Wahner Heide. Die Wege sind mit roten Pfählen markiert. Auf dem Brunnenkellerweg gelangt man nach einer Rechtskurve zum **2** Leyenweiher, den man fast umrundet. Am Ufer entlang führt der Weg dann nach Norden, wo man auf die offene Heidelandschaft stößt. Dort führt der sandige Weg bergan auf den Fliegenberg, unweit der Altenrather Straße. Mit etwa 134 Meter ist er neben dem Telegraphenberg die höchste Erhebung in der Heide und bietet einen Blick bis ins Siebengebirge und auf die Abtei Michaelsberg. Vom „Gipfel" aus geht man nicht Richtung Straße, sondern wendet sich nach rechts Richtung Osten in den Wald.

Das weitläufige Waldgebiet, in dem man sich jetzt befindet, beherbergt auch den Güldenberg, zu dem man vorbei am Kronenweiher, der ziemlich ausgetrocknet ist, gelangt. Auf dem Weg zum Güldenberg, wo sich eine Ringwallanlage aus der Eisenzeit befindet, überquert man den Siegburger Weg. Zu Füssen des Berges stößt man auf den Eisenweg, eine geteerte Straße, die aber für den Verkehr gesperrt ist. Sie führt

Durch den Torbogen gelangt man auf das Gelände der Burg Wissem

zur Agger, wo man vor der Aggerbrücke eine Landstraße überquert, um weiter parallel des Flusses zu laufen. Auf der anderen Flussseite sieht man die Rückseite der 🔴 Burg Lohmar. Die ehemalige Wasserburg im Talgrund der Agger geht zurück auf die Mitte des 14. Jahrhunderts. Sie wurde im Jahr 1936 durch den Bau der A3 vom historischen Ortskern von Lohmar abgeschnitten und ist von dort nur noch durch eine kleine Unterführung zu erreichen. Parallel der Agger läuft man ein gutes Stück, bis man links bergan wieder in einen Waldweg einbiegt. Man läuft am 123 Meter hohen 3️⃣ Ziegenberg vorbei, der das Tal der Agger überragt. Er ist eigentlich eine Düne, die sich in der letzten Eiszeit aus herbeigewehten Sanden gebildet hat. Gleichzeitig ist er die südlichste Fundstelle von Pfeilspitzen aus der Ahrensberger Kultur, die vor 12.500 Jahren im nordeuropäischen Flachland beheimatet war. Weiter geht es in Richtung Heidedorf Altenrath, wo unweit des Kreisels der Jägerhof mit Biergarten zur Einkehr einlädt.

Parallel der Straße Richtung Westen verläuft der Weg knapp einen Kilometer, bis man die Möglichkeit hat, links einzubiegen. Danach geht es direkt wieder nach rechts, um nach einer weiteren Linkskurve zur mit Wasser gefüllten 4️⃣ Tongrube zu gelangen. Der Abbau und die Verwer-

Die Wahner Heide ist nicht nur bei Hundefreunden ein beliebtes Wandergebiet

tung des tertiären Tons haben in der Wahner Heide eine lange Geschichte. Im 17. Jahrhundert stellten die Altenrather Kannenbäcker hochwertige Töpferwaren aus bis zu 25 Millionen Jahre alten Meeresablagerungen her.

Auf dem weiteren Wegverlauf kommt man direkt am Gebiet des Flughafens Köln/Bonn vorbei. Ende der fünfziger Jahre wurde der Zivilflughafen mitten hinein in das seit 1931 bestehende Naturschutzgebiet gebaut. Dabei verschwanden Heidebereiche und ganze Moore.

Der Weg knickt in Richtung Süden mal nach rechts und mal nach links ab, bevor man auf den Planitzweg gelangt. Dem folgt man kurz nach rechts, um an der nächsten Möglichkeit gleich wieder nach links abzubiegen. Dabei umwandert man die rote Zone, die noch mit Munitionsresten belastet ist. Man überquert zwei Wege und hält sich nach dem zweiten (Eisenweg) rechts, um zum Aussichtspunkt **5** Telegraphenberg mit Telegraphenmast zu gelangen. Dort bietet sich eine Rast an mit herrlichem Blick auf die Heidelandschaft. Auch die startenden Flugzeuge kann man hier toll beobachten. Folgt man dem Stellweg Richtung Westen, kann man einen Abstecher zum Forsthaus Telegraph machen. Hier wurde nach dem Beschluss des preußischen Kabinetts 1832 die 53. der insgesamt 60 Stationen der optischen Telegraphenlinie zwischen Berlin und Koblenz errichtet, die Ende 1852 wieder eingestellt wurde. Den vormaligen Observationsraum der Station nutzte man anschließend als Forsthaus. Seit 1988 wird es vom heutigen Besitzer als Restaurant betrieben.

Wieder zurück am Telegraphenmast folgt man dem Weg Richtung Osten und biegt nach 500 Metern scharf rechts ab. An der folgenden Weggabelung hält man sich links hinauf zum Ravensberg, auf dem die ältesten Nachweise von Menschen in der Heide gefunden wurden. Auf dem Ringelsteinweg geht es nun bergab zur ⬤ Erimitage. Die wurde 1670 als Wohnhaus mit zweigeschossiger Kapelle errichtet. In ihr

Bis ins Siebengebirge reicht der Blick vom Fliegenberg

lebten mehrere Brüder, die ihr Geld mit Betteln verdienten und allerlei Unfug trieben. So ließ der Kölner Erzbischof 1833 die Eremitage abreißen, um dem Treiben ein Ende zu machen. Der Ringelstein, eine etwa 15 Millionen Jahre alte natürliche Quarzitplatte zeugt heute noch von dem Fundament der Kapelle. Von hier gelangt man über den Mauspfad hinweg durch den Waldpark vorbei am Ententeich zur Straße Am Prinzenwäldchen. Dieser folgt man 300 Meter nach rechts, um anschließend die Römerstraße überquerend, wieder zurück zur Burg Wissem zu kommen.

Tipp

Man kann die Tour auch abkürzen, indem man nach dem Güldenberg auf der Kiesschneise oder dem Siegburger Weg (weiter) jeweils nach links zur Altenrather Straße, einer aus Betonplatten bestehenden Panzerstraße, läuft. An ihr entlang führt ein Fußweg bis zur roten Zone. Dazu überquert man die Panzerstraße und läuft den zweiten Weg rechts rein (Planitzweg). Von dort geht es weiter wie beschrieben.

Info

🅗 S 13 bis Bahnhof Troisdorf

🅟 Parkplätze in der Burgallee oder Römerstraße (kostenfrei)

🗺 Wahner Heide Karte (im Info-Zentrum Wahner Heide und im Buchhandel erhältlich)

🍴 Restaurant Forsthaus Telegraph
Mauspfad 3
53842 Troisdorf
www.forsthaus-telegraph.de

⛔ Hotel-Restaurant Heidekranz
Flughafenstraße 45
53842 Troisdorf
www.hotel-heidekranz.de
Zimmer ab 20 Euro

ℹ️ Infozentrum Wahner Heide
Flughafenstraße 33
53842 Troisdorf
www.wahnerheide.net
Öffnungszeiten: jeden Sonn- und Feiertag von 10 - 17 Uhr (April-Oktober)

Heideportal Burg Wissem
Burgallee
53842 Troisdorf
www.forum-wahner-heide.de

✚ TÄ Dr. Gabriele Stumpe
Zur Eremitage 1
53840 Troisdorf
Tel.: 02241-70111

TOUR 3

ehemalige Heidegebiete mit Biotopen und Seen im Kölner Nordosten – kleine Wasserläufe und Seen

Dellbrücker Heide und Dünnwald

Hundefreundlichkeit: Quer durch den Wildpark ist der Weg für Hunde gesperrt, damit das Dammwild nicht gestört wird. Ansonsten gibt es Wasser zum Trinken und jede Menge Möglichkeiten für ein Bad am Wegesrand. Da der Weg überwiegend durch den Wald führt, bietet er insbesondere an warmen Sommertagen angenehme Kühle. Viele Hundebesitzer laufen durch die Wälder rund um Dellbrück und Dünnwald. Einschränkungen gibt es nur im Bereich des Wildparks Dünnwald und in den inselartig dazwischen verteilten Naturschutzgebieten.

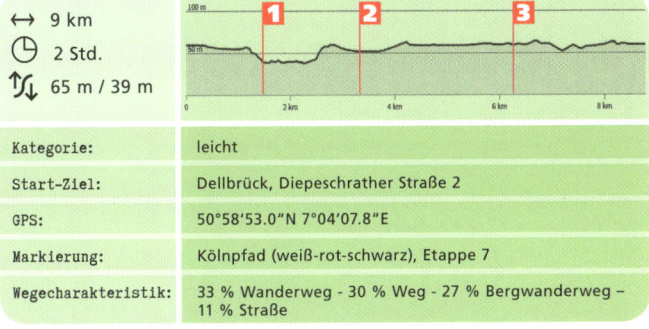

↔ 9 km
🕐 2 Std.
↕ 65 m / 39 m

Kategorie:	leicht
Start-Ziel:	Dellbrück, Diepeschrather Straße 2
GPS:	50°58'53.0"N 7°04'07.8"E
Markierung:	Kölnpfad (weiß-rot-schwarz), Etappe 7
Wegecharakteristik:	33 % Wanderweg - 30 % Weg - 27 % Bergwanderweg - 11 % Straße

Die Tour startet beim „Park & Ride" Dellbrück an der Diepeschrather Straße. Der Straße folgt man Richtung Westen und läuft etwa 600 Meter entlang der Bahnlinie vorbei an alten Kasernengebäuden der Belgier. Dann, an der vierten Abzweigung, biegt man rechts ein, um in die Dellbrücker Heide zu gelangen. Sie ist eine der kleinsten Heiden im Bereich der Bergischen Heideterrasse und wurde im Jahr 2010, 17 Jahre nach Abzug der belgischen Streitkräfte, unter Naturschutz gestellt. Vorbei an einem Sportplatz des früheren Truppenübungsplatzes kann man nach links einen Abstecher zum Heide-Teich, einer 🔴 ehemaligen Kiesgrube machen.

Zurück auf dem eigentlichen Weg läuft man weiter Richtung Norden zum 1 Höhenfelder See, den man westwärts umwandert. Das ehemalige Baggerloch hat eine Fläche von

TOUR 3

rund 16 Hektar, er ist 300 Meter breit, 600 Meter lang und an seiner tiefsten Stelle 14 Meter tief. Der See ist vom Angelverein der Berufsfeuerwehr Köln gepachtet und somit ein beliebter Ort für Angler und Spaziergänger. Das Schwimmen ist dort jedoch untersagt. Bestrebungen, einen Badesee aus ihm zu machen, lehnte die Bezirksvertretung Mülheim im Jahr 2008 ab.

Hat man den See zur Hälfte umwandert, hält man sich auf dem Weg zunächst scharf links und dann direkt wieder rechts. Man überquert den Kalkweg und läuft weiter geradeaus, um zum **2** Dünnwalder Wildpark zu gelangen. In den großen naturnahen Gehegen kann man Wildschweine, Damwild und Muffelwild beobachten.

Eine besondere Attraktion sind die Wisente, eine Wildrindart, die in freier Natur in Deutschland ausgestorben ist. Der Dünnwald selbst ist entweder nach dem Fluss Dhünn oder nach einer (Rhein-)Düne benannt. Entlang des eingezäunten Geländes führt der Weg weiter nach links und läuft entlang des Mutzbachs. Hielte man sich rechts, würde man zum Waldbad und zu einem Campingplatz gelangen. Bei der nächsten Möglichkeit biegt man zweimal nach rechts ab und überquert den Bachlauf.

Dahinter hält man sich rechts, läuft eine scharfe Linkskurve und über-

Der Höhenfelder See ist ein beliebtes Ausflugsziel

quert nach etwa 300 Metern den Dünnwalder Mühlenweg. Der Dünnwalder Wald war früher ein Heide- und Dünengebiet. Die Forstwirtschaft des 20. Jahrhunderts ersetzte dies sowie die alten Bauernwälder durch die heute landschaftsprägenden monotonen Kiefernforste. Dennoch ist ein Teil der ehemaligen Vielfalt erhalten, so etwa die inselartig eingestreuten und relativ kleinen Naturschutzgebiete Mutzbach, Diepeschrather Wald, Nittum-Hoppersheider Bruch, ehemalige Kiesgrube am Südring sowie Am Hornpottweg.

Ein Stück weiter gelangt man auf die Leuchterstraße, der man kurz folgt. Anschließend biegt man in die ❗ Odenthaler Straße ein, die man jedoch nach nur wenigen Metern nach links verlässt. Der Weg macht nun einen Bogen, so dass man nach etwa 500 Metern die ❗ Odenthaler Straße erneut überquert. Es folgt eine langestreckte Linkskurve an deren Ende man wieder den Dünnwalder Mühlenweg passiert. Nun läuft man fast bis an den Rand eines Heidegebietes. Nachdem die Katterbachstraße gekreuzt wurde, macht der Weg eine lang zogene Rechtskurve, an deren Ende man zur **3** Diepeschrather Mühle gelangt. Sie ist eine der vielen Getreide-, Walk-, Öl- und Pulvermühlen in Dellbrück aus früheren Zeiten. In der Diepeschrather Mühle wurden ab ih-

Das Schwarzwild im Dünnwalder Wildgehege ist sehr zutraulich

rer Gründung 1653 Getreide und Senfkörner gemahlen, bergisches Landbrot hergestellt und selbstgebrannte Schnäpse an Gäste serviert. 1911 fiel sie einem Großbrand zum Opfer. Ein Dachdeckermeister machte aus den Überresten in den 1920er Jahren eine Anlaufstelle für Wanderer. Aus einer kleinen Bude wurde nach mehreren An- und Umbauten das heutige Restaurant Cafe Diepeschrather Mühle, in dem schon damals berühmte Gäste eine Erfrischung zu sich nahmen.

Hinter der Mühle geht man auf dem Diepeschrather Weg ein Stück nach links und nimmt dann nach rechts die Abzweigung in den Wald. Kurz vor dem Mühlteich biegt man nach rechts und läuft rechts vorbei an der Grillhütte Diepeschrather Mühle. Dort biegt man nach links und folgt dem Weg bis zur nächsten Möglichkeit, wo man nach rechts abbiegen kann. An der nächsten Wegkreuzung geht man nach links und kommt an einem weiteren See vorbei. Nach nur 100 Metern biegt man erneut rechts ab und läuft den Weg geradeaus bis zu einem Kreisverkehr. Hier wird die 2. Abzweigung genommen, um nach ca. 10 Minuten Fußmarsch durch Dellbrück wieder zurück zum Ausgangspunkt der Tour zu gelangen.

Tipp

Der Wald zwischen Dellbrück und Dünnwald ist voller kleiner Biotope und Naturschutzgebiete. Ein ganz verwunschenes ist das am Hornpottweg. Wer möchte, kann die Tour dahin ausweiten, indem er nach Überquerung der Odenthaler Straße weiter gen Norden läuft. Bevor man in das Naturschutzgebiet gelangt, muss man an der Grenze zu Schlebusch die Berliner Straße überqueren. Hier gibt es übrigens auch eine Bahnstation, die einen zurück zum Ausgangspunkt oder nach Köln bringt. Ansonsten verlängert sich die Tour mit diesem Abstecher um gute vier Kilometer.

Info

🚉	S 11 oder Bus 154 bis Köln-Dellbrück
🅿	P+R Dellbrück, Diepeschrather Straße
🗺	GeoMap Karte: Köln, Bonn und Umgebung
🍴	Diepeschrather Mühle Diepeschrather Weg 80 51469 Bergisch Gladbach www.diepeschrather-muehle.de Mo. Ruhetag
🛏	Uhu Hotel Garni Dellbrücker Hauptstraße 201 51069 Köln-Dellbrück www.hotel-uhu.de Hunde kosten 6 Euro/Nacht
ℹ	KölnTourismus GmbH Kardinal-Höffner-Platz 1 50667 Köln Tel.: 0221-346430 Mail: info@koelntourismus.de www.koelntourismus.de
➕	Tierärztliche Gemeinschaftspraxis in Kölln-Dellbrück Marthastraße 16 51069 Köln-Dellbrück Tel.: 0221-683802 Notruf: 02174-796778 www.tierarztpraxis-koeln-dellbrueck.de

TOUR
4

Weißer Bogen – Freizeitinsel Groov – Sandstrände und weite Wiesen

Entlang der Kölschen Riviera

Hundefreundlichkeit: Der Weißer Bogen ist bei Kölner Hundebesitzern sehr beliebt, denn er gehört zum Landschaftsschutzgebiet. Und das heißt, dass hier Hunde auf den Wegen frei laufen dürfen. Sie haben nicht nur daran Spaß, sondern auch an den vielen Hundebegegnungen. Die Wiesen laden zum Toben ein und auch der Rheinstrand ist ein Eldorado zum Rennen und natürlich zum Baden im Rhein. So sind die Vierbeiner auch in allen Restaurants am Weg und auf der Fähre herzlich willkommen.

↔ 13 km
⏱ 3 Std.
↕ 48 m / 39 m

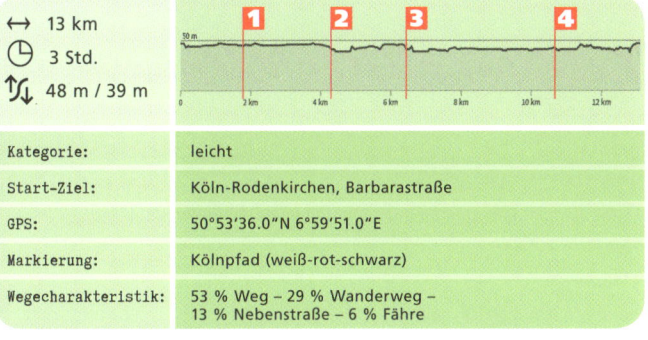

Kategorie:	leicht
Start-Ziel:	Köln-Rodenkirchen, Barbarastraße
GPS:	50°53'36.0"N 6°59'51.0"E
Markierung:	Kölnpfad (weiß-rot-schwarz)
Wegecharakteristik:	53 % Weg – 29 % Wanderweg – 13 % Nebenstraße – 6 % Fähre

Die Tour startet auf dem Parkplatz in der Barbarastraße. Von hier läuft man Richtung Rhein auf die Uferpromenade, auf der man nach rechts geht. Dabei hat man die Auswahl, ob man oben auf der Promenade läuft oder unter unten durch den Park, in dem aber die Hunde noch angeleint bleiben müssen, da hier ein Spielplatz ist. Nur am Rheinstrand, an dem man vorbeikommt und dann später ab dem Pappel-park, dürfen Hunde frei laufen. Läuft man auf der Promenade, sieht man auf der linken Seite die Fundamente der Hochwasserschutzmauer. Im Jahr 2008 wurde die mehrere hundert Millionen Euro teure Anlage fertig gestellt. Die hier im Hochwasserfall angebrachten Schutzwände sollen den Ort vor Hochwasser bis zu 11,30 Meter schützen. Denn die Rheinanlieger sind insbesondere im Frühjahr, wenn der Schnee in

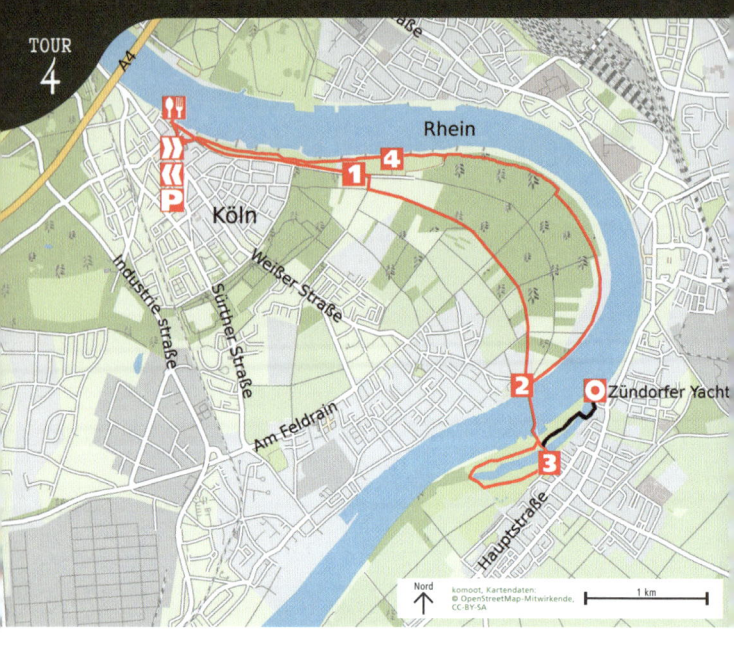

den Alpen und an den Nebenflüssen schmilzt, von Hochwasser bedroht. Nach den letzten Jahrhunderthochwassern in den Jahren 1926, 1993 und 1995, die über zehn Meter hoch waren (normal sind 3,48 Meter), wurden Schutzmauern in einer Länge von insgesamt ca. 60 km errichtet. Davon profitieren insbesondere auch die vielen schönen Villen, die Anfang des 20. Jahrhunderts im südlichen Kölner Stadtteil errichtet wurden. Hier leben nicht nur Unternehmer und Vorstände, sondern auch manch ein Promi. Dazu gehört etwa die Schauspielerin Susanne Uhlen, die mit ihren zwei Wolfhounds in einer Backsteinvilla wohnt, und wie die anderen Hundebesitzer gerne hier spazieren geht. Aber auch der in der Südstadt lebende BAP-Gründer Wolfgang Niedeggen begegnet einem schon mal mit seinem Hund, ebenso wie Connie Niedrig, die Kommissarin von Niedrig & Kuhnt. Und man begegnet auch immer mal wieder Filmteams, die hier Szenen für den Tatort oder andere in Köln produzierte Fernsehfilme und -serien drehen.

Immer weiter führt der Weg geradeaus, wobei die Bebauung spärlicher wird. Kurz hinter dem **1** Haus der Wassersportfreunde auf der linken Seite biegt man in eine kleine Straße rechts ein und nach knapp 100 Metern wieder nach links, um in den Auenwald zu gelangen. Schließlich

Abendstimmung am Rheinufer

öffnet sich der Wald auf der rechten Seite und man läuft entlang von Feldern immer geradeaus bis man schließlich wieder an einigen wenigen Häusern vorbei auf den Pfad Am Treidelweg kommt. Dort biegt man links ein, um zum **2** Krokodil, wie die Personenfähre von Fährmann Heiko Dietrich heißt, zu gelangen. Sie bringt Spaziergänger und Radfahrer in den rechtsrheinischen Stadtteil Zündorf zum Ausflugsziel Groov. Die Fährsaison beginnt im März und dauert bis in den Herbst. In der Sommersaison fährt die Fähre alle paar Minuten, im Frühling und Herbst seltener, teilweise dann nur am Wochenende.

Hat man den Rhein überquert, läuft man nach rechts in die obere Groov. Ein ehemaliger Rheinarm bildet hier die weitläufige Rheinauen-Landschaft, geprägt von teilweise jahrhundertealten Bäumen und Sandstränden. Ursprünglich war die Groov eine Insel, wurde jedoch 1849 mit dem Ufer verbunden. Inzwischen ist der Rheinarm nur noch ein Doppelsee, der zum Tretbootfahren einlädt und in dem sich Schwäne, Enten, Gänse und sogar Schildkröten tummeln. Bevor er verlandete, gab es hier auch einen Hafen, in dem die Aalkutter lagen.

Man umrundet das Gewässer, um schließlich zum von Fachwerkhäusern geprägten **3** Marktplatz von Zündorf zu gelangen. Auf dem Weg

TOUR 4

Zwischen den Bäumen kann man immer die Schiffe fahren sehen

dorthin bietet sich die Einkehr ins Eiscafé ebenso an, wie am Markt in die anderen Restaurants. Wer will, kann vor Rückkehr mit der Fähre noch einen Abstecher zum 🅾 Zündorfer Yachthafen machen. Dafür läuft man an der unteren Groov vorbei bis zum Hafen und kann auf der anderen Seite wieder zurückgehen.

Ist man mit der Fähre wieder auf der anderen Rheinseite angelangt, hält man sich rechts und läuft nun direkt am Rheinufer auf einem Teerweg den Weißer Bogen entlang durch den Auenwald. Schließlich lichtet sich der Wald und man kann auf den Rheinstrand schauen. Dort hält man sich rechts und läuft unterhalb von Kanuclub und 4 Campingplatz wieder zurück nach Rodenkirchen. Anfang des 20. Jahrhunderts befand sich auf diesem ganzen Gelände ein äußerst beliebtes Strandbad, das nach dem Zweiten Weltkrieg aber nicht mehr eröffnet wurde.

Ist man wieder auf Höhe der Barbarastraße angelangt, läuft man noch ein kleines Stück weiter geradeaus, um zum Bootshaus zu gelangen. Denn, wo könnte man besser diese Tour abschließen, als auf dem Sonnenheck eines alten Kohledampfers, wo man 50 Meter vom Ufer entfernt mit Blick auf die Rodenkirchener Brücke leicht in der Sonne schaukelnd ein leckeres Kölsch oder ein sensationelles Schnitzel genießen kann? Es ist wie ein Tag auf dem Meer. Von hier aus sind es noch knapp 300 Meter zurück zum Parkplatz.

Info

🚇	S 6 oder S 19 bis Barbarosaplatz, dann S16 bis Heinrich-Lübke-Ufer
🅿	Rodenkirchen, Parkplatz Barbarastraße
🗺	GeoMap Karte: Kölln, Bonn und Umgebung
🍴	Café - Restaurant MS Rodenkirchen Bootshaus Rodenkirchener Leinpfad 1 50996 Köln Tel.: 0221-395184 täglich geöffnet
🏨	Brauhaus und Hotel Kölnisch Wasser Hauptstraße 118 50996 Köln www.koelnisch-wasserkoeln.de Hunde kosten 8 Euro/Nacht
ℹ	KölnTourismus GmbH Kardinal-Höffner-Platz 1 50667 Köln Tel.: 0221-346430 www.koelntourismus.de Rheinfähre Krokodil Weisser Leinpfad 50999 Köln Tel.: 02236-68334
✚	TA Dr. Stephan Schockhoven Guntherstraße 21-23 50996 Köln Tel.: 0221-393090 www.schockhoven.de

Tipp

Der mit Sürth südlichste Kölner Rhein-Anlieger Weiß, gab dem Rheinbogen seinen Namen. Auch hierhin lohnt sich ein Abstecher, denn die alten ein- bis zweigeschossigen Backstein- und Fachwerkhäuschen prägen den historischen Ortskern. Dort findet man auch ein zauberhaftes Bed & Breakfast mit angeschlossenem Café in der Alten Schmiede. Die geschichtliche Vergangenheit des Ortes ist geprägt von Weinbau, Landwirtschaft, Fischerei und Treidelwirtschaft. Davon zeugen noch Straßennamen wie Treidelpfad und Leinpfad. Den Ursprung des Dorfes bildet die alte St.-Georgs-Kapelle, die bereits 1433 urkundlich erwähnt wurde.

Burg Mödrath – Boisdorfer See – renaturiertes Braunkohletagebaugebiet Frechen – Papsthügel

Durch die Erftaue zum Wasserschloss Türnich

Hundefreundlichkeit: Im Naturschutzgebiet Kerpener Bruch, dem Auenwald, sollte man sich tunlichst an die Anleinpflicht halten, denn der Förster, dessen Forsthaus sich in unmittelbarer Nähe befindet, ist besonders wachsam und mag keine unangeleinten Hunde im Wald. Entlang des Erftkanals geht es über Wiesen und Felder, wo Hunde im Landschaftsschutzgebiet dann ungestört laufen dürfen. Im Schlosspark und Schlosscafé Türnich sind Hunde an der Leine willkommen.

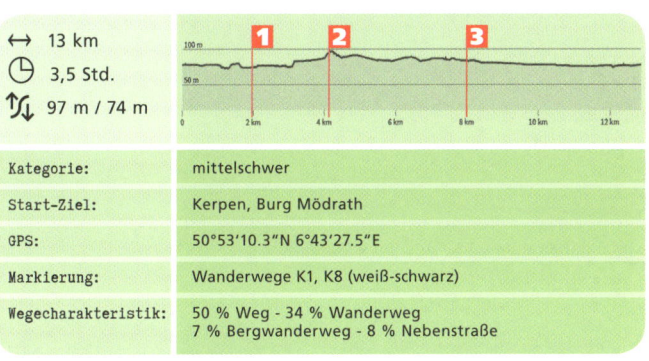

↔ 13 km
🕒 3,5 Std.
↕ 97 m / 74 m

Kategorie:	mittelschwer
Start-Ziel:	Kerpen, Burg Mödrath
GPS:	50°53'10.3"N 6°43'27.5"E
Markierung:	Wanderwege K1, K8 (weiß-schwarz)
Wegecharakteristik:	50 % Weg - 34 % Wanderweg 7 % Bergwanderweg - 8 % Nebenstraße

Der Weg startet am Parkplatz, der ein Stück hinter der privat genutzten Burg Mödrath, dem einzig erhaltenen Gebäude des verschwundenen gleichnamigen Ortes, liegt. Auf dem Weg zum Parkplatz passiert man ein Gestüt gleichen Namens. Auf dem hinter dem Parkplatz liegenden Aussichtspunkt erzählen diverse Hinweistafeln von der Renaturierung des ehemaligen Braunkohleabbaugebietes Frechen und dem in den 50er Jahren aufgelösten Ort Mödrath. Entlang des Weges weisen immer wieder Tafeln auf verschiedene Punkte wie etwa den Standort der früheren Kirche hin, an der sich heute ein Holzkreuz befindet. Der Weg führt ins Marienfeld, benannt nach dem nicht mehr existierenden Marienwallfahrtsort Kloster Bottenbroich. Auch die Orte Bottenroich, Grefrath, Habbelrath und Boisdorf mussten den riesigen Braunkohlebaggern weichen.

Entlang des aufgeforsteten Waldes biegt man dreimal nach rechts ab,

um zum 1 Boisdorfer See zu gelangen. Dahinter biegt man links und dann wieder rechts ab, um zu der etwa 3000 Quadratmeter großen Fläche zu gelangen, auf der 2005 die Abschlussfeierlichkeiten des Weltjugendtages stattfanden. Der etwa neun Meter hohe 2 Papsthügel, von dem aus rund eine Million Menschen Papst Benedikt XVI. zuhörten, bietet einen tollen Aussichtspunkt über die Ebene. Weiter geht es durch Wiesen und Felder Richtung Türnich, wo man zweimal links und einmal rechts vor dem Gewerbegebiet abbiegt und entlang der Bahntrasse in den Ort gelangt.

Hinter dem Kreisverkehr, den man überquert, gibt es nach den Häusern auf der rechten Seite einen Hinweis auf 3 Schloss Türnich, dem man in die Nußbaumallee folgt. Durch ein Wohngebiet gelangt man zum Eingang des Schlossparks. Das barocke Wasserschloss stammt in seiner heutigen Form aus dem 18. Jahrhundert, erbaut im Auftrag von Freiherr Carl Ludwig von Rolshausen, befindet es sich heute im Besitz von Godehard Graf von und zu Hoensbroech. Die Schlossgeschichte lässt sich bis in das Jahr 898 zurückverfolgen. Der Grundriss ähnelt dem von Jagdschloss Falkenlust in Brühl des Kölner Kurfürsten Clemens August I. von Bayern.

Seit 1974 ist das Herrenhaus aufgrund der Grundwassersenkung

Verwunschen ist der Torbogen der Vorburg von Schloss Türnich

Schloss Türnich drohte auseinanderzubrechen

durch den Braunkohleabbau in schlechtem baulichen Zustand und derzeit unbewohnbar, weil es auseinanderzubrechen droht. Die Besitzerfamilie arbeitet jedoch an einer vollständigen Wiederherstellung. In der Vorburg lädt schon heute das Schlosscafé mit Hofladen zur Rast ein. Zwischen Kletterrosen und Spalierobst und mit Blick auf das Schloss und die früheren Stallungen kann man wunderbar entspannen.

Wieder zurück auf der Nußbaumallee führt der Weg nach links entlang der Kanäle des Wasserschlosses einmal um den gesamten Park herum zum Erftkanal, dem man nach rechts folgt.

Nach links gibt es Hinweisschilder zur Gymnicher Mühle, wo es eine Falknerei gibt und derzeit ein Wassererlebniszentrum noch im Bau ist. Unter der Bundesstraße hindurch geht es mit Blick auf die Weite der Erftebene schnurgrade am Erftkanal entlang, den man bei einem Schlenker nach links überquert, um in den Kerpener Bruch zu gelangen. Hier befindet man sich in einem der seltenen Hartholz-Auenwälder, über die diverse Schilder informieren – und im Naturschutzgebiet, das der Förster mit Argusaugen bewacht.

Kurz vor dem Forsthaus wendet man sich nach rechts, um einige Zeit später wieder auf den Kanal zu stoßen, den man an einer Schleuse erneut überquert. Entlang des Kanals geht es bis zur L 163, an der der Weg ein kurzes Stück separat verläuft und schließlich wieder an die Kreuzung führt, an der es zum Parkplatz geht.

Das Schlosscafé ist ein guter Ort zum Verweilen

Tipp

Wer Lust hat, kann einen Abstecher zur Gymnicher Mühle machen. Erstmals 1315 erwähnt, gehörte das als Getreide- und Ölmühle genutzte Bauwerk zum berühmten Wasserschloss Gymnich. Aktuell werden in der Mühle ein Naturparkzentrum, das Rheinische Mühlendokumentationszentrum, eine Falknerei und eine Gastronomie betrieben. Der sich im Bau befindliche Wassererlebnispark nimmt ihr derzeit jedoch den Charme. Das lange Jahre als Gästehaus der Bundesregierung genutzte Schloss Gymnich im gleichnamigen Nachbarort von Türnich war einige Jahre Wohnsitz der Kelly-Familie und wieder mehrfach als Hotel betrieben. Es ist leider nicht zu besichtigen.

Info

H RB 38 von Köln bis Kerpen, dann RE 1 und 9 oder S-Bahn 12 und 13, dann Buslinien 911, 920 und 922 bis Mödrath

P Parkplatz An Burg Mödrath 3 (hinter dem Gestüt rechts)

Freizeitkarte: Kerpen und das Marienfeld, Zweckverband Naturpark Rheinland

Schlosscafé
Schloss Türnich
Nußbaumallee
50169 Kerpen
Tel.: 02237-974691
www.schloss-tuernich.de
Mo. Ruhetag

Restaurant Türnicher Hof
Heerstrasse 163
50169 Kerpen-Türnich
www.restaurant-tuernicher-hof.de
täglich geöffnet

Hotel St. Vinzenz
Stiftsstraße 65
50171 Kerpen-Erft
www.hotel-vinzenz.de
Hunde wohnen hier kostenlos

Kerpen-Touristik e.V.
Johannes-Kepler-Str. 1
50170 Kerpen
www.kerpentouristik.de

Tierärztliche Gemeinschaftspraxis Dr. Meike Schüddemage und Kerstin Urlbauer
Hahnenstraße 47
50171 Kerpen
Tel.:2237-925325
www.tierarzt-kerpen.de

Schloss Bedburg – faszinierende Landschaften rund um den Kasterer See – Werwolfwanderweg

Dem wilden Werwolf auf der Spur

Hundefreundlichkeit: Kleine zahme Werwölfe können bequem auf den vielen Wegen laufen, die entlang der Kasterer Mühlenerft und der Erft verlaufen. Überall gibt es Gelegenheit zum Trinken. Der junge Wald bietet gerade im Sonmer einen schönen schattigen Weg. Da hier kein Naturschutzgebiet ist, können Vierbeiner unbekümmert laufen, nur in den beiden Orten Bedburg und Alt-Kaster sollte man sie anleinen. Allerdings liegt auf dem Rückweg nach Alt-Kaster auch ein Bauernhof mit Hühnern. Hier sollte man ein bisschen aufpassen.

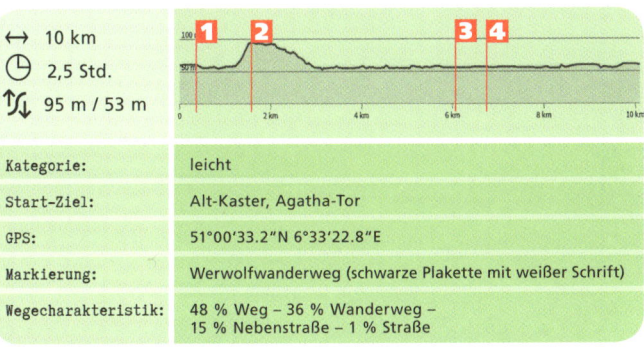

↔ 10 km
🕒 2,5 Std.
↕ 95 m / 53 m

Kategorie:	leicht
Start-Ziel:	Alt-Kaster, Agatha-Tor
GPS:	51°00'33.2"N 6°33'22.8"E
Markierung:	Werwolfwanderweg (schwarze Plakette mit weißer Schrift)
Wegecharakteristik:	48 % Weg – 36 % Wanderweg – 15 % Nebenstraße – 1 % Straße

Vom Parkplatz geht es etwa 50 Meter die Albert-Schweitzer-Straße entlang und dann rechts. Dort steht das mittelalterliche Stadttor, das **1** Agatha-Tor, von Alt-Kaster und dort wartet auch schon die erste Infotafel zum Werwolfwanderweg. Sie erzählt von den dämonischen Gräueltaten des Werwolfs von Epprath. Anno 1589 soll der „Stubbe Peter" historisch verbürgt sein Unwesen getrieben und gar 25 Menschen getötet und verspeist haben. Das erzählten sich die Bürger sogar bis nach London und Augsburg. Entlang der Kasterer Mühlenerft führt der Weg durch einen Park an der Stadtmauer von Alt-Kaster vorbei in den Wald. Hier gelangt man über eine Brücke zum Wolfgangstieg, der auf die **2** Kasterer Höhe führt. Dort wartet eine Raststation mit weitem Blick über die Landschaft bis hin zu den Kraftwerken. Man wendet sich nach rechts und gelangt nach einiger Zeit zu einer Abzweigung, wo sich

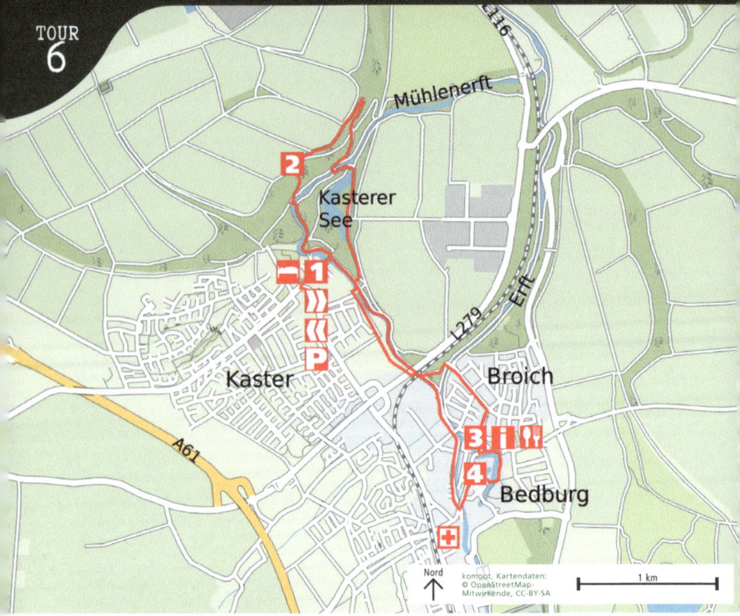

TOUR 6

Das Agatha-Tor in Alt-Kaster

der Geburts- und Wohnort des vermeintlichen Werwolfs befunden hat. Nach rechts geht es auf dem Wanderweg A1 wieder hinunter ins Tal, wo man erneut die Kasterer Mühlenerft überquert, um zum Kasterer See zu gelangen.

Den überquert man an einer kleinen Staumauer, um zur dritten Station des Werwolfwegs zu gelangen. Hier erfährt man etwas über die Jagd auf den Werwolf, bei der auch Hunde eingesetzt wurden.

Entlang des Waldrandes und später entlang der Mühlenerft geht es weiter Richtung Bedburg. Unter einer Eisenbahnbrücke hindurch – an diesem Punkt ist der Weg tiefer, als der Fluss – gelangt man schließlich

Rast am Kasterer See

nach Bedburg und zur Erft, über die die Epprather Brücke führt. Die hat auch der gefangene Peter Stubbe einst überquert, daher erfährt man hier etwas über die Verhaftung des Werwolfs.

An der Pappelallee überquert man die Erft und folgt der Allee bis zur Augustiner-Allee, in die man rechts abbiegt. So gelangt man, vorbei an der **3** Pfarrkirche St. Lambertus, auf den Marktplatz, wo im Angesicht des Rathauses Straßencafés zur Stärkung einladen. Am historischen Rathaus informiert die nächste Station über die Verurteilung des Werwolfs, den man so lange folterte, bis er alles gestand, was ihm vorgeworfen wurde. Dorthin – und damit zur sechsten Station – führt der Weg links am Rathaus vorbei. Nach 200 Metern geht es rechts auf den Parkplatz der Bedburger Mühle, wo eine Gartenterrasse zur Rast an der Erft einlädt.

Im Schlosspark gelangt man über eine Brücke zum **4** Schloss Bedburg.

Der Weg führt über die Graf-Salm-Straße schließlich rechts in die Erftstraße, direkt nachdem man die Erft überquert hat. An ihr entlang folgt man dem Pfeil Richtung Kaster.
So gelangt man zur Erft-Halbinsel, wo das Todesurteil über den Werwolf vollstreckt wurde. Das Werwolfschild informiert darüber. Angesichts dieser Horrorstory bleibt

einem die Puste weg. Auch dazu gibt es eine Legende. Der „Stüpp" soll sich hier seinen Opfern auf den Rücken setzen und sich bis zu ihrer Erschöpfung tragen lassen. Mit dieser „Last" geht es unter der Eisenbahnbrücke hindurch und danach über eine Brücke, um an der anderen Seite des Flusses zurückzulaufen. Vorbei an einem Bauernhof gelangt man wieder nach Alt-Kaster. Die Häuser des Landstädtchens stammen weitgehend aus der Zeit nach dem Stadtbrand von 1624. Die frühere Burg befand sich an der Querung der Erft und einem wichtigen mittelalterlichen Weg von Köln nach Jülich. Die heutige Burgruine nördlich der Stadt ist der Rest der 1278 von den Jülicher Grafen neu erbauten Anlage. Einst galt Kaster als zweitkleinste Stadt Deutschlands. Seiner denkmalgeschützten Bausubstanz verdankt Alt-Kaster, dass es nicht in den Tagebau einbezogen wurde.

Tipp

Die Firma RWE Rheinbraun AG hat ein Informationszentrum in dem über 400 Jahre alten Schloß Paffendorf (Stadt Bergheim) eingerichtet, das über den Braunkohlentagebau rund um Bedburg informiert.

Info

H	RB 11821, RB 11823, RB 11825 nach Bedburg, dann Bus 975 und 987 nach Kaster
P	Parkplätze direkt am Ortseingang von Alt-Kaster (auf der rechten Seite)
🗺	Wanderkarte NRW: Bedburg und Bergheim im Naturpark Kottenforst-Ville (Blatt 45)
🍴	Eiscafe Cucco´s Marktplatz 11 50181 Bedburg www.cuccos-gelateria.com täglich geöffnet Bedburger Mühle Ristorante Bella Vista Friedrich-Wilhelm-Straße 28 50181 Bedburg www.bedburgermuehle.de täglich geöffnet
🛏	Landhaus Danielshof Hauptstraße 3 50181 Bedburg www.danielshof.de Hunde kosten 10 Euro/Nacht
i	Rathaus Bedburg Friedrich-Wilhelm-Straße 43 50181 Bedburg Tel.: 02272-4020 www.bedburg.de
✚	TA Dr. Wolfgang Franchi Langemarckstraße 16 50181 Bedburg Tel.: 02272-902941

Rund um Düsseldorf

TOUR 7

Haus Bürgel – idyllische Auenlandschaften – weite Felder und Pferdekoppeln

Schloss Benrath und Zollveste Zons

Hundefreundlichkeit: **Diese Tour führt überwiegend durch Naturschutzgebiete. Dort sind Hunde an der Leine willkommen, ebenso wie in Zons und auf der Fähre. Hundekotbeutel nicht vergessen. Am Rheinufer in Nähe des Schlosses Benrath gibt es einen kleinen Strand zum Baden und Toben.**

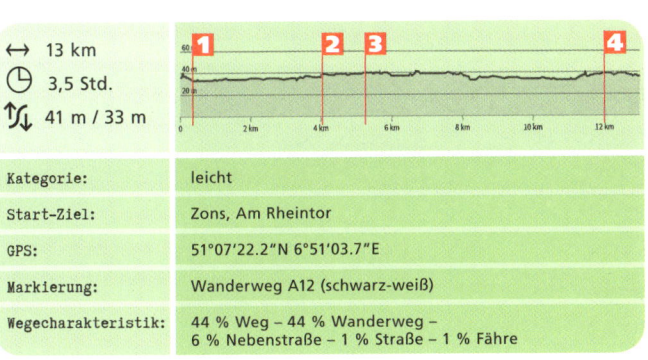

↔ 13 km	
⏳ 3,5 Std.	
↕ 41 m / 33 m	

Kategorie:	leicht
Start-Ziel:	Zons, Am Rheintor
GPS:	51°07'22.2"N 6°51'03.7"E
Markierung:	Wanderweg A12 (schwarz-weiß)
Wegecharakteristik:	44 % Weg – 44 % Wanderweg – 6 % Nebenstraße – 1 % Straße – 1 % Fähre

Vom Parkplatz aus läuft man einfach über den Deich in Richtung Rhein und folgt dem Leinpfad nach links zur **1** Fähre, die einen auf die andere Seite bringt. Dort landet man direkt in der Urdenbacher Kämpe, einem 316 Hektar großen Naturschutzgebiet. Es ist das größte in Düsseldorf und ein typisches Stück alter niederrheinischer Kulturlandschaft mit Kopfweiden, Obstbäumen und wertvollen Feuchtwiesen. Der Name stammt von campus (Feld) und das Gebiet umfasst eine eingedeichte Auenlandschaft, die regelmäßig vom Rhein überflutet wird. Das gesamte Gebiet entspricht dem mäandernen Verlauf des Urdenbacher Altrheins bis zur Mitte des 14. Jahrhunderts. Gepflegt werden die Obstbaumwiesen von Mitarbeitern der Biologischen Station, die weiter südlich in einem alten Gutshof, Haus Bürgel, beheimatet ist. Er steht auf den Grundmauern eines römischen Kastells, liegt aber nicht am Weg, denn man läuft flussabwärts – Richtung Schloss Benrath – nach links. Nach zweieinhalb Kilometern trifft man schließlich auf die **!** Straße

Am Alten Rhein, der man nach links, Richtung Norden, folgt.
Entlang der Straße Am Alten Rhein biegt man nach knapp 600 Metern in einen Weg nach rechts ab. Man gelangt zum **2** Schlosspark Benrath, dem beliebtesten Park in Nordrhein Westfalen. Er ist öffentlich zugänglich, steht unter Denkmalschutz und umfasst mehr als 61 Hektar, von denen rund 45 ebenfalls als Naturschutzgebiet ausgewiesen sind. Hier leben mehr als 80 Vogel- und mehr als 300 Käferarten. Seltene nordamerikanische Gehölze prägen den Kurfürstengarten, der von Maximilian Friedrich Weyhe und Peter Joseph Lenné im 19. Jahrhundert angelegt wurde. Der älteste Bereich geht bis in das 17. Jahrhundert zurück.
Durch den Park läuft man bis zum rosafarbenen **3** Schloss Benrath, das im Auftrag von Kurfürst Carl Theodor von Pfalz-Sulzbach Ende 1755 als Lust- und Jagdschlosses errichtet wurde. Früher stand an dieser Stelle ein Wasserschloss von Jan Wellem, das wegen eines Brandes und Wasserschäden nicht mehr bewohnbar war. Der Baukünstler Pigage ersetzte es durch eine Maison de plaisance nach französischem Vorbild, das der Kurfürst aber nicht nutzte. Er besuchte das 1771 fertig gestellte Schloss einmal für wenige Stunden im Jahr 1785. Offiziell stand es leer und wurde von Verwaltern und Bediensteten unterhalten.

Ländliche Gemütlichkeit auf der Stadtmauer von Zons

Durch enge Gassen führt der Weg in der Zollfeste

Ab 1815 ging das Schloss in preußischen Besitz über und wurde bis zum Verkauf 1911 von Mitgliedern der Königs- und späteren Kaiserfamilie regelmäßig bewohnt. Seither avancierte die Maison de plaisance zu einer touristischen Attraktion, in der ab den 1950er Jahren zahlreiche Staatsempfänge stattfanden. Heute wird das Schloss durch eine Stiftung betrieben. Hier finden regelmäßige Führungen, aber auch Aufführungen statt. Zudem dient es des Öfteren als Kulisse für Spielfilme.

Am Schlossgraben entlang führt der Weg Richtung Süden zurück am Ittenbach über die ❗ Angerstraße, bis man wieder zurück auf die Straße Am Alten Rhein (L 293) gelangt. Der Straße folgt man ein kurzes Stück nach links und biegt dann auf den Baumberger Weg nach rechts ab. Nach 300 Metern hält man sich erneut rechts, um auf den Ortweg einzubiegen. Wandert man nun weiter in Richtung Westen, kommt man wieder auf den Weg, auf dem man herkam. Man läuft durch die Auen vorbei an ❗ Pferdewiesen und Feldern zurück zur Fähre. Nach dem erneuten Übersetzen geht es ans Erforschen der mittelalterlichen 4️⃣ Zollfeste Zons. Dorthin gelangt man über den Herrenweg und den mächtigen Rheinturm aus dem Jahr 1388. Sehenswert ist insbesondere der Juddeturm mit seiner barocken Haube sowie die Windmühle mit ihrem noch originalen hölzernen Mahlwerk aus dem 17. Jahrhundert. Am Zwinger des Schlosses Friedestrom gibt es eine Freilichtbühne, wo jährlich Märchenspiele aufgeführt werden. Zudem finden hier auch die Märkte an Ostern und Weihnachten sowie der Matthäusmarkt im September statt. Die ehemalige kurkölnische Wasserburg aus dem 14. Jahrhundert sicherte einst den in Zons erhobenen Rheinzoll. Im 17. Jahrhundert setzte ihr Niedergang ein, 1803 gelangte sie durch Versteigerung in private Hand und wurde als Gutshof genutzt. 1972 übernahm der damalige Kreis Neuss die Burg und richtete dort das Kulturzentrum ein. Die älteste Gaststätte in Zons ist die Torschänke aus dem 14.Jahrhundert, wo schon seit dem 18. Jahrhundert eine Schankwirtschaft betrieben wird. Entlang der östlichen Stadtmauer geht es schließlich zurück zum Parkplatz.

Tipp

Wer möchte, kann noch einen Abstecher ins Zonser Grind machen. Das ist ein Naturschutzgebiet nördlich von Zons auf der Halbinsel in der Rheinschleife direkt gegenüber Benrath gelegen. Hier finden sich Mähwiesen und in Reihen stehende Hybridpappeln, in denen sich Pirol und Steinkauz einfinden.

Info

🅷	RE 7 oder S 11 bis Dormagen
🅿	Parkplatz Zons, Am Rheintor
🗺	GeoMap-Karte: Freizeitregion Düsseldorf und Umgebung
🍽	Altes Zollhaus Rheinstraße 16 41541 Dormagen (Zons) www.zollhauszons.de Mo. Ruhetag
🛏	Hotel-Restaurant-Cafe Schloß-Destille Mauerstraße 26 a 41541 Dormagen (Zons) www.schlossdestille.de Hotelbetrieb täglich geöffnet
ℹ	Tourist-Info Schloßstraße 2-4 41541 Dormagen (Zons) Tel.: 02133-2762815 www.svgd.de Rheinfährbetriebe W. Jansen & Söhne GbR Drususallee 91 41460 Neuss Tel.: 02131-23262 Fährzeiten (Sommer): Mo.-Fr. 6.15-21 Uhr (Winter bis 20 Uhr), Sa./So. 9-21 Uhr (Winter 10-19 Uhr)
✚	TÄ Jutta Schröder Nievenheimer Straße 32 41541 Dormagen Tel.: 02133-10517 Notruf: 0171-4476033 www.tierarzt-in-zons.de

Wehre – Winkelsmühle – Wildgehege Neandertal

Zu Besuch in der Urzeit: Das Neandertal

Hundefreundlichkeit: **Hier geht es durchs Naturschutzgebiet und vorbei an einem Wildgehege, so dass man Hunde besser an die Leine nimmt. Auf der Hochfläche können sie laufen und in der Düssel baden, deren Verlauf man eine ganze Zeit folgt. Besonders interessant für Hundeliebhaber ist diese Tour jeweils am ersten Freitag im Monat, denn an diesem Tag dürfen Hunde mit in die Ausstellung des Neanderthalmuseums.**

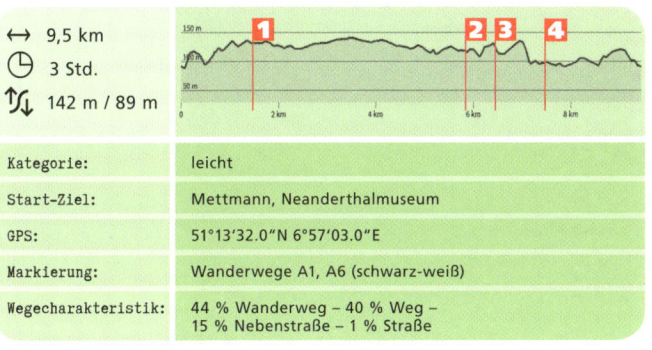

↔ 9,5 km
⏲ 3 Std.
⇅ 142 m / 89 m

Kategorie:	leicht
Start-Ziel:	Mettmann, Neanderthalmuseum
GPS:	51°13'32.0"N 6°57'03.0"E
Markierung:	Wanderwege A1, A6 (schwarz-weiß)
Wegecharakteristik:	44 % Wanderweg – 40 % Weg – 15 % Nebenstraße – 1 % Straße

Los geht es am Parkplatz des Neanderthalmuseums, wo es am südlichen Ende direkt in den Wald geht. Der Weg verläuft entlang der Düssel. Nach knapp einem halben Kilometer erreicht man eine Wegkreuzung, an der man sich rechts hält und nicht die Düssel überquert. Es geht indes steil bergauf auf die Hochebene, wo Auerochsen und Wisente in ihrem Gehege auf die Besucher warten. Das eiszeitliche **1** Wildgehege Neandertal wurde 1935 gegründet und ist etwa 23 Hektar groß. Der Weg führt rechts um das Wildgehege herum durch den Wald ins Tal und wieder hinauf auf eine Freifläche, wo Heckrinder in ihrem Gehege leben. Dort folgt man dem Weg nicht weiter geradeaus, sondern biegt an der ersten Möglichkeit rechts ins Feld ein. Man folgt dem Weg und kommt nach nicht ganz einem Kilometer vorbei am Parkfriedhof. Dahinter folgt man nicht der Straße, sondern biegt nach links in den Höhenweg ab und wandert parallel des Bahndamms leicht bergab.

An der nächsten Möglichkeit biegt man an einem Weiher links ein, um sich wieder vom Bahndamm zu entfernen. Man folgt dem Weg jedoch nicht weiter geradeaus, sondern hält sich bereits nach 200 Metern rechts. Nun geht es durch den Wald vorbei an steil aufragenden Kalksteinsandwänden wieder bergab ins Tal der Düssel. Man gelangt zu einer Kreuzung, an der man, wenn man einkehren möchte, nach rechts 200 Meter weitergeht, um zum historischen Gasthaus Im kühlen Grund zu gelangen. Die rustikale Gaststätte befindet sich seit hundert Jahren heute in dritter Generation in Familienbesitz. Möchte man weiterlaufen, macht man eine spitze Kehrtwendung nach links in Richtung Winkelsmühle und läuft nun durch das Tal wieder parallel der Düssel auf der südlichen Seite. Hier trifft man auf die Reste eines historischen 2 Kalkofens. Der erzählt die Geschichte des Kalksteinabbaus, der das Tal zu dem gemacht hat, was es heute ist. Vorausgegangen ist eine unvergleichliche Zerstörung der Natur durch den Kalksteinabbau, der auch die Neanderhöhle, in der die Knochen unserer Vorfahren im Jahr 1856 entdeckt wurden, zum Opfer fiel.

Das Neandertal war nämlich früher eine knapp 1.000 Meter lange und etwa 50 Meter tiefe enge Schlucht mit teils überhängenden Wänden, Wasserfällen, vielen kleinen Höh-

Die Tour führt auch an Wildgehegen vorbei

len und großem Artenreichtum. Der Erkrather Arzt und preußische Hofrat Johann Heinrich Bongard beschreibt noch 1835 die zu diesem Zeitpunkt unberührte Düsselklamm.
Vermutlich wurde bereits seit dem Mittelalter devonischer Massenkalk in geringen Mengen für die bäuerliche Kalkbrennerei abgebaut. Kalköfen sind bereits aus den Jahren 1519 und 1672 beurkundet. Der 1849 einsetzende industrielle Kalksteinabbau wurde 1854 durch die „Actiengesellschaft für Marmorindustrie im Neanderthal" in großem Stil vorangetrieben. Erst 1945 wurde der Betrieb eingestellt. Von den ursprünglichen Kalkfelsen war dann schon nichts mehr zu sehen, da sämtliche Gesteinsformationen dem Kalkabbau zum Opfer gefallen waren. Wie immer hat das Ganze jedoch zwei Seiten, denn der Fund der fossilen Knochen ist ja wiederum dem Kalkabbau zu verdanken.

Der Weg verläuft weiter parallel des Bachlaufs, den man kurz hinter einem Mühlteich zur **3** Winkelsmühle hin überquert. Die Wassermühle wurde zum Mahlen von Korn eingesetzt und 1387 erstmals urkundlich erwähnt. Als der Mahlzwang Anfang des 19. Jahrhundert aufgehoben wurde, wurde sie versteigert und 1914 in ein Sommerlokal mit später 54 kleineren und größeren Teichen für die Forellen- und Karpfenzucht sowie einem Gondelteich umge-

Im Tal der Düssel finden sich Reste eines historischen Kalkofens

wandelt. 1935 entstand anstelle der Fischteiche ein Naturstrandbad mit zwei Becken mit je 20 mal 50 Metern. Es wurde 1956 geschlossen und verfiel, bis der Zweckverband im Erholungsgebiet Neandertal das Anwesen 1972 erwarb und Haupthaus und Wasserbauten restaurierte. 1997 wurde das Haus an Privatleute verkauft, die heutigen Besitzer pflegen die Anlage seit 2001.

Hinter der Mühle quert man die Düssel erneut und findet Infos über den bei Düsseldorf in den Rhein mündenden Flusslaufs, der jetzt links des Wegs verläuft. Man folgt dem Weg weiter und gelangt nach 600 Metern auf eine Straße, der man ein kleines Stück nach links folgt, um dann direkt wieder nach rechts abzubiegen. Bald kommt man vorbei an einem 4 idyllischen Weiher, in dessen Mitte eine riesige Weide steht. Der Teich ist der Rest eines alten Stausees, aus dem die Bauern Wasser gewannen und über den wenig später am Flößwehr eine Info-Tafel informiert. Weiter führt der Weg für einen Kilometer parallel des Flusslaufs, dann knickt er für ein kurzes Stück nach Norden ab, wo es noch mal bergauf geht. Hinter den Häusern geht es nach links. Nach wenigen Metern kommt man an eine Gabelung, an der man sich rechts hält und dem Weg Richtung Parkplatz folgt. Auf dem letzten Stück hört man bereits deutlich die Straße.

Nach erneuter Überquerung der Düssel kommt man nach links wieder auf den Parkplatz des ⓞ Neanderthal-Museums. Das wurde 1996 an der Stelle eröffnet, wo schon 1856 das weltweit bekannteste Humanfossil geborgen wurde. Mit rund 170.000 Besuchern im Jahr gehört es zu den erfolgreichsten archäologischen Museen in Deutschland. Es erzählt die Geschichte der Entdeckung der Knochen im August 1856. Italienische Steinbrucharbeiter entdeckten 16 Knochenfragmente, die sie zunächst achtlos zum Abraum warfen. Der Mitbesitzer des Steinbruchs, Wilhelm Beckershoff, übergab sie aber dann Johann Carl Fuhlrott zur näheren Untersuchung. Auch der Bonner Anatom Hermann Schaaffhausen untersuchte die Knochen. Beide stellten fest, dass es sich um Knochen von steinzeitlichen Vorläufern der Menschen handelte. Den Namen erhielt das Tal übrigens von dem Kirchenkomponisten Joachim Neander. Der hatte im 17. Jahrhundert die einstige „Hundsklipp" gerne besucht und die erste gedruckte Beschreibung darüber verfasst. Ab 1800 wurden die Begriffe Neandersstuhl und Neandershöhle gebräuchlich.

Info

🅗	IC 2408 bis Düsseldorf, dann S 28 bis Mettmann Zentrum
🅟	Zentralparkplatz Neanderthalmuseum, Neanderstraße 1
🗺	GeoMap Karte: Düsseldorf und Umgebung
🍴	Museumscafé im Neanderthalmuseum Talstraße 300 40822 Mettmann www.neanderthal.de Mo. Ruhetag Gaststätte Im Kühlen Grund Frinzberg 2 42781 Haan www.imkuehlengrund.de Mo./Di. Ruhetag
🛏	Café-Restaurant-Hotel Becher Neandertal 40822 Mettmann www.hotelbecher.de Hotel täglich geöffnet
ℹ	Die Tourist-Info Mettmann und Neanderthal e.V. Mühlenstraße 15 40822 Mettmann Tel.: 02104-23691 www.mettmann.net Neanderthalmuseum Stadtverwaltung Mettmann Neanderstraße 85 40822 Mettmann Tel.: 02104-980121 www.neanderthal.de Mo. Ruhetag
✚	Tierklinik Neandertal Landstraße 51 42781 Haan Tel.: 02129-375070 www.tierklinik-neandertal.de

Tipp

Wer im Neandertal zu Besuch ist und sich für Autos interessiert, der sollte den Autofriedhof von Michael Fröhlich besuchen. Der befindet sich in unmittelbarer Nähe des Parkplatzes und ist an einem verrottenden Feuerwehrwagen an der Straße zu erkennen. Der bizarre Auto-Skulpturen-Park des Künstlers und Millionärs enthält 50 Traumfahrzeuge aus dem Jahre 1950, eingebettet in den Wald, präsentiert von der Natur, die alles verschlingt. Hier liefern sich historische Jaguar und Porsche ein letztes ewiges Rennen und können dabei nach vorheriger Anmeldung und gegen Gebühr besichtigt werden. Mehr Infos unter www.michaelfroehlich.com

Bergisches Land

TOUR 9

Deutscher Märchenwald – Bäche und Flüsse – Dhünntal – Dom Altenberg

Auf Goldesels Spuren zur Dhünntalsperre

Hundefreundlichkeit: **Nicht nur Kinder sind im Märchenwald willkommen, sondern auch Hunde – allerdings an der Leine, denn auch Hasen und Hühner spazieren hier frei herum. Auch sollte man an einen Hundekotbeutel für den Parkbesuch denken. Unterwegs, vor dem Kochshof, gibt es ein Hinweisschild auf freilaufende Hühner mit der Bitte, Hunde an die Leine zu nehmen. Ansonsten gibt es auf der Tour viel zu erschnüffeln und die Möglichkeit, an den Wassern zu trinken und zu baden.**

↔ 16,5 km
⏱ 4 Std.
↕ 232 m / 95 m

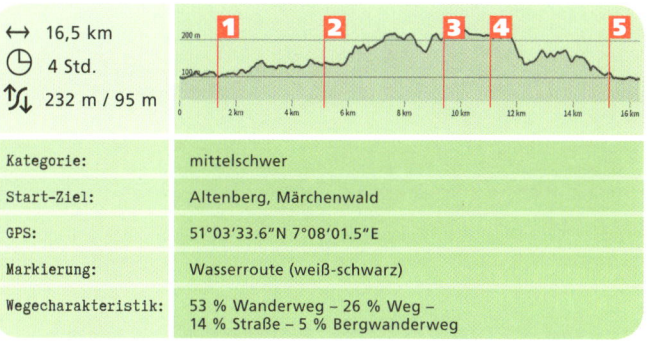

Kategorie:	mittelschwer
Start-Ziel:	Altenberg, Märchenwald
GPS:	51°03'33.6"N 7°08'01.5"E
Markierung:	Wasserroute (weiß-schwarz)
Wegecharakteristik:	53 % Wanderweg – 26 % Weg – 14 % Straße – 5 % Bergwanderweg

Vom nördlichen Teil des Parkplatzes am Märchenwald startet die Tour. Dazu wird zunächst die Dhünn überquert und dann nach links in den Wald eingebogen. Wo der Eifgenbach in die Dhünn fließt, folgt man weiter nach links dem Bachlauf, um ihn an der nächsten Flussmündung nach rechts zu überqueren. So gelangt man auf die ❗ Altenberger Dom-Straße, der man ein kleines Stück nach rechts parallel folgt, um am ❶ Schöllerhof hinter dem Parkplatz Reisegarten wieder an die Dhünn zu gelangen. Hier im Helenenthal befanden sich einst mehrere Mühlen, die Schwarzpulver herstellten. Torbögen zeugen noch heute davon.

Kurz bevor man die Dhünn wieder überqueren könnte, folgt man dem Weg nach links entlang der Flusses und erreicht schließlich nach knapp drei Kilometern erneut eine Einmündung. Wo die Linnefe in die Dhünn fließt, gab es ebenfalls eine Pulvermühle, zu der das noch heute erhalte-

TOUR 9

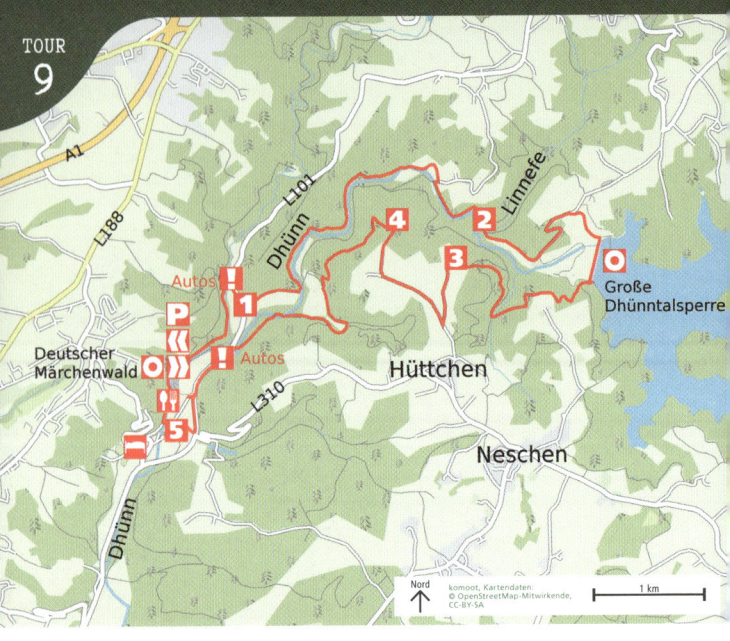

ne Herrenhaus gehört. Nach **2** Überquerung der Linnefe läuft man eine ausgedehnte Linkskurve. Anschließend geht es auf einen kleinen Straße in Serpentinen bergauf. Oben auf der Freifläche hat man schon einen ersten Blick auf die ⊙ Dhünntalsperre. Hier biegt man kurz vor Lindscheid nach rechts in das Gelände des Wupperverbandes ab, um zur Staumauer zu gelangen. Von der 400 Meter langen und 8,5 Meter breiten Krone hat man einen tollen Blick auf die zweitgrößte Trinkwassertalsperre Deutschlands mit einem Fassungsvermögen von 81 Millionen Kubikmeter. Sie wurde zwischen 1975 und 1985 errichtet und dient neben der Trinkwasserversorgung auch dem Hochwasserschutz.

Über die Staumauer hinweg führt der Weg nach einem kurzen Linksknick nach rechts hoch in den Wald. Oberhalb des Dhünntales überquert man nach knapp einem Kilometer den Bömericher Bach. Anschließend hält man sich rechts und stößt abermals nach circa einem Kilometer am **3** Kochshof, einem Bauernhof vermutlich noch aus dem 11. Jahrhundert, auf eine kleine Straße. Der Hof war einst Versorger der Burg Berge und später des Klosters. Man folgt der Straße ein kleines Stück Richtung Süden bis hinauf auf die Höhe, wo man bei gutem Wetter eine Aussicht bis zum Kölner Dom genießt. Kurz vor dem nächsten Weiler biegt man scharf rechts ein. Vor Groß Grimberg

Die Dhünntalsperre ist die zweitgrößte Trinkwassertalsperre Deutschlands

geht es rechts wieder in den Wald. Hat man die **4** Schutzhütte erreicht, biegt man nach links – den Berg hinunter – ab.

Oberhalb von Aue geht es wieder nach links Richtung Süden. Bald gelangt man zu dem Bach, dem man für 200 Meter folgt. An der Weggabelung biegt man nach rechts über den Bach Hasselsiefen hinweg ab. Nach nur wenigen Metern überquert man auch noch den Bachlauf Schmeisiger Delle. Nun läuft man weiter Richtung Altenberg und trifft bald wieder auf die Dhünn, deren Verlauf man parallel folgt. Schließlich führt der Weg wieder auf die **H** Altenberger Domstraße, der man nach links bis zum **5** Dom folgt. Der ist eine der wichtigsten Sehenswürdigkeiten im Bergischen Land. Die einstige Zisterzienser-Abtei Altenberg wurde als Ableger des französischen Klosters Morimond gegründet. Nachdem sie 1803 aufgehoben wurde, wurden die Gebäude als Chemiefabrik genutzt, bis sie in die Luft flogen. Erhalten geblieben ist der Altenberger Dom.

Dessen Vorgänger war die noch heute existierende, im Jahr 1225 errichtete Markuskapelle, in der auch die ersten Altenberger Mönche begraben sind. Und auch der Küchenhof in der Nähe der Kapelle ist erhalten. Hier befand sich früher die Meierei der Abtei, heute sind die Lapidarien, zwei Glaskuben mit Teilen der romanischen Klosteranlage, hier zu bewundern. Der

TOUR
9

Der Altenberger Dom gehörte einst zu einer großen Klosteranlage

heutige Altenberger Hof war schon zu früheren Zeiten ein Gasthaus, das zur Versorgung der Besucher des Klosters diente. Ebenfalls gut erhalten ist der Torbogen, einst Haupteingang der Abtei.

Nach Umrundung des Domgeländes gelangt man über die Dhünn hinweg wieder auf die andere Flussseite. Hier hält man sich rechts und kommt nach etwa 600 Metern am 🔴 Deutschen Märchenwald vorbei. Er war der erste in Deutschland und gilt heute auch als größter. Bewegliche Figuren und Tonbänder erzählen 18 Märchen der Gebrüder Grimm. Am Goldesel und an Hänsel und Gretel vorbei geht es wieder zurück zum Parkplatz.

Tipp

Der Verein Landschaft und Geschichte und der Verschönerungs- und Kulturverein Altenberg bieten Führungen über das Gelände der Burg Berge an. Informationen dazu gibt es am i-Punkt oder telefonisch unter 02174-419950. Die Mauerreste der Burg, dem Stammsitz des Adelsgeschlechts der Grafen von Berg und damit Wiege des Bergischen Landes, befinden sich 500 Meter vom Altenberger Dom entfernt auf einem steil abfallenden Berghügel am Dhünnufer. Die Burg wurde vermutlich um das Jahr 1060 errichtet. Ab 1118 diente die Burg für eine kurze Zeit den Zisterziensermönchen als Siedlungsplatz, bevor sie ihr Kloster errichteten.

Info

🅷	R 5 oder S 6 bis Leverkusen-Mitte, dann Bus 212 bis Altenberg
🅿	Parkplatz Märchenwald, Altenberg
🗺	Wanderkarte: Wandern um die Große Dhünn-Talsperre (beim i-Punkt Altenberg erhältlich)
🍴	Hotel-Restaurant Altenberger Hof Eugen-Heinen-Platz 7 51519 Odenthal-Altenberg www.altenberger-hof.de Hunde kosten 10 Euro/Nacht
🏨	Hotel-Restaurant Wisskirchen Am Rösberg 2 51519 Odenthal-Altenberg www.hotel-wisskirchen.de täglich geöffnet
ℹ	i-Punkt Altenberg Eugen-Heinen-Platz 2 51519 Odenthal-Altenberg Tel.: 02174-419950 www.altenberg-info.de Deutscher Märchenwald Altenberg Märchenwaldweg 15 51519 Odenthal-Altenberg Tel.: 02174-40454 www.deutscher-maerchenwald.de März-November geöffnet
✚	TA Jörg Koppelberg Bergisch-Gladbacher-Straße 3 51519 Odenthal-Altenberg Tel.: 02202-9790770 www.kleintierpraxis-koppelberg.de

TOUR
10

Schlösser und Burgen – Weiher und Bachläufe – Naturschutzgebiet der Grube Cox

Rund um Bensberg

Hundefreundlichkeit: Der Weg führt entlang von Flussläufen und vorbei an Weihern. Im Naturschutzgebiet Grube Cox sollten Hunde angeleint werden, da sich hier ein Artenreichtum insbesondere an Reptilien gebildet hat, der durch die Hunde gestört werden könnte.

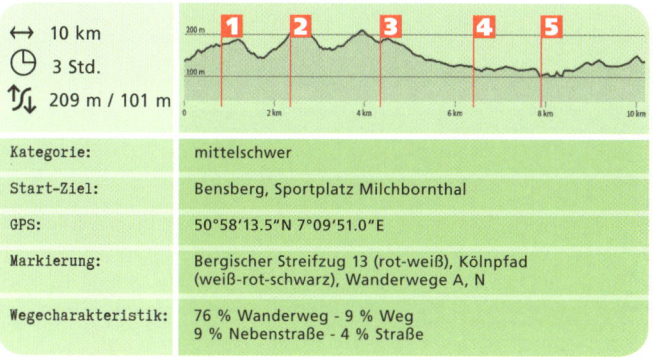

↔ 10 km
⏲ 3 Std.
↕ 209 m / 101 m

Kategorie:	mittelschwer
Start-Ziel:	Bensberg, Sportplatz Milchbornthal
GPS:	50°58'13.5"N 7°09'51.0"E
Markierung:	Bergischer Streifzug 13 (rot-weiß), Kölnpfad (weiß-rot-schwarz), Wanderwege A, N
Wegecharakteristik:	76 % Wanderweg - 9 % Weg 9 % Nebenstraße - 4 % Straße

Los geht es auf dem Parkplatz Milchborntal, von dem man nach rechts in Richtung Ort läuft. Man überquert den Milchbornweg und läuft auf dem Hardtweg weiter bergan. Oben angekommen läuft man links zur Nikolausstraße und gelangt von dort nach rechts auf die Kadettenstraße, die vor dem **1** Schloss Bensberg vorbeiführt. Auch wenn man es nicht besichtigen kann, weil sich derzeit ein Hotel darin befindet, lohnt sich der Weg allein schon für den atemberaubenden Blick, den man von seiner exponierten Lage aus durch eine alleeartige Flucht bis zum Kölner Dom genießen kann.

Die Schlossstraße passierend, folgt man weiter der Kadettenstraße und läuft links um das Schloss herum, um zur Wipperführther Straße zu gelangen, von der man an der nächsten Möglichkeit wieder nach links abzweigt und durch den Schlosspark nach links wieder bergab läuft. Vorbei an modernen Stadtvillen und einer Seniorenresidenz hält man sich an der nächsten Möglichkeit wieder links, um auf die Straße Ritzenberg zu kommen. Die führt wieder zum Milchborntalweg, auf dem man nach rechts läuft und an der nächsten Möglichkeit wieder links, um ins Waldgebiet zu kommen. Dort folgt

man dem Weg und hält sich an der nächsten Abzweigung rechts bis man an einer Ringwallanlage vorbeikommt, auf die eine Tafel hinweist. Die 2 Erdenburg ist eine eisenzeitliche Wallburg und wurde vermutlich im ersten Jahrhundert v. Chr. von dem westgermanischen Stamm der Sugambrer als Verteidigung gegen die Römer errichtet. Man passiert den Sportplatz Moitzfeld und folgt dem Weg weiter links hinauf. Dabei umrandet man den Milchborntalweiher nach rechts und folgt weiter dem Weg, der auf den Berg hochführt. Der Weiher wäre einst um ein Haar trocken gelegt worden, da Gutachten über die Dammfestigkeit fehlten. Nach Bürgerprotesten sprang das Land ein und er blieb erhalten.

Der Weg überquert schließlich die ! Hardter Straße und man gelangt durch den Wald zum 3 Naturfreundehaus Hardt, das zur Einkehr einlädt. Das Haus ist das frühere Steigerhaus der sich dort ebenfalls befindenden Grube Blücher. Dort wohnte der Steiger als Aufsichtsperson für die Bergleute. Wo heute die Autos rechts neben dem Haus parken, befand sich damals der Maschinenschacht der Erzgrube, die bis zu 200 Meter tief in den Berg ging. In den 1860er und 1870er Jahren herrschte hier Hochbetrieb, die Erträge gingen in den folgenden Jahren jedoch zurück, so dass die Grube 1904 geschlossen wurde. 1958 bezo-

Vom Schloss Bensberg aus kann man bis zum Köllner Dom blicken

gen die Naturfreunde das Haus, das sie als Wiedergutmachung für ein Haus auf dem Himmerich im Siebengebirge erhielten, das die Nazis 1933 enteignet hatten.

Hier hält man sich links und folgt dem Weg weiter bis zu einer T-Kreuzung, wo man nach rechts geht. Schließlich gelangt man in das Örtchen Kaltenbroich, wo man sich links hält und dem Lerbach folgend auf die Straße Lerbacher Weg gelangt. Der 🛑 folgt man um eine Kurve nach rechts, um an der nächsten Möglichkeit links abzuzweigen. So gelangt man zum 4. Schloss Lerbach, das an der Stelle einer ursprünglichen Wasserburg aus dem 14. Jahrhundert steht. Der Papierfabrikant Richard Zanders erwarb das Gelände Ende des 19. Jahrhunderts und ließ zusammen mit seiner Ehefrau Anna Zanders, einer Tochter von Werner von Siemens, ein Herrenhaus im englischen Landhausstil erbauen und die baufällige Wasserburg abreißen. Nach dem Tod der Eheleute war Schloss Lerbach zwischen 1961 und 1987 Sitz des Gustav-Stresemann-Institutes und diente 1988 als Kulisse für die Fernsehserie Forstinspektor Buchholz. Seit 1992 wird das Schloss als Hotel genutzt. Bis 2008 erkochte sich hier Gourmet-Koch Dieter Müller drei Michelin-Sterne. Sein Schüler, Nils Henkel, hat das Restaurant übernommen und hält immerhin noch zwei Sterne.

Das Schloss Lerbach diente in den 1980er Jahren als beliebte Kulisse für eine Fernsehsendung – heute befindet sich ein Hotel darin

Man durchquert den wunderschönen Schlosspark, vorbei am Weiher, um zum Parkplatz und zurück zu Straße zu gelangen. Der 🛑 folgt man ein kleines Stück nach rechts und biegt an der nächsten Möglichkeit nach links in den Waldweg ein. Man hält sich an der nächsten Abzweigung rechts und überquert den Bachlauf, bleibt auf dem Weg und biegt schließlich nach links in das Naturschutzgebiet der 5 Grube Cox ab. Sie entstand 1969 nach der Entdeckung eines Dolomitvorkommens von besonderer Reinheit. Der eisenarme Dolomit wurde bis etwa 1985 im Tagebau abgebaut und in Glaswerken in Köln-Porz zur Herstellung hochwertigen Spiegelglases verwendet. Eigentlich sollte die Grube anschließend verfüllt werden, doch hatten sich seltene Tier- und Pflanzenarten angesiedelt. So wurde die Grube 1996 von der Bezirksregierung Köln als Naturschutzgebiet ausgewiesen. Man kann die Seen der Grube Cox nach links oder nach rechts umrunden und hält sich dann links, um wieder auf dem Weg aus dem Naturschutzgebiet hinaus zu kommen. Man stößt auf einen Weg, dem man scharf nach rechts folgt. An der nächsten Möglichkeit links stößt man dann sowohl auf den 🔴 Kaiserlichen (österreichischen) als auch auf den 🔴 Französischen Friedhof. Mehrere Tausend Soldaten wurden hier während der napoleonischen Kriege begraben, worauf eine Info-Tafel auf dem Schlosswege hinweist. Man folgt dem Weg weiter, bis man entlang des Milchbornbaches mit wunderschönen Ausblicken auf das Schloss und die Kirche nach rechts wieder zurück zum Ausgangspunkt gelangt.

Tipp

Das Dörfchen Kaltenbroich, durch das man auf dem Weg nach Schloss Lerbach kommt, hat gleich mehrere Überraschungen zu bieten. Zum einen verfügt es über eine Quelle, die noch bis weit in den 1950er Jahre von den Bewohnern zum Waschen genutzt wurde, da es bis dahin noch keine Wasserversorgung gab. Während man noch im Fachwerk-Idyll schwelgt, begegnet dem Wanderer gleich hinter einer Kurve der Wilde Westen in Form der „Trappertown". Die Trappers, ein kleiner Kanu-Club, wurde 1984 von Raimund Stark und Robert Deutsch gegründet. Sie bauten eine kleine Westernstadt mit Salon und allem, was dazu gehört. Gäste sind beim jährlichen Sommerfest mit Countrymusik und Animationen für große und kleine Cowboys und Indianer willkommen. Infos gibt es unter www.trappers-kaltenbroich.de.

Info

🚌	Schnellbus 40 bis Bensberg Busbahnhof oder S 12 oder S 13 bis Köln-Deutz, von dort mit Tram 1 bis zur Endstation
🅿	Parkplatz am Sportplatz, Milchbornthal
🗺	Kompass Wanderkarte Bergisch-Gladbach, Gummersbach, Bergisches Land
🍴	Schloss-Café Konditorei Himperich Schlossstraße 22 51429 Bergisch Gladbach www.schloss-cafe-bensberg.de täglich geöffnet
⛔	Gasthaus Schwäke Ommerbornstraße 65 51465 Bergisch Gladbach www.schwaeke.de täglich geöffnet
ℹ	Naturfreundehaus Hardt Hardt 44 51429 Bergisch Gladbach-Herkenrath www.haus-hardt.de Zimmer gibt es ab 2015 Hunde kosten 2 Euro/Nacht Fremdenverkehrsamt Bergisch Gladbach Konrad-Adenauer-Platz 1 51465 Bergisch Gladbach Tel.: 02202-140 www.bergischgladbach.de
✚	Tierarztpraxis Sabine Klötzer Sattlerweg 8 51429 Bergisch Gladbach Tel.: 02204-5867244 www.tierarzt-gl.de

TOUR
11

**weite Wiesen – Bäche – Wälder – alte Fördertürme,
eingebrochene Stollen und ausrangierte Loren**

Auf dem Bergbauweg zum Lüderich

Hundefreundlichkeit: **Der Weg führt nicht nur über Wiesen und Felder, sondern auch über kleine Straßen, wo man die Hunde besser anleinen sollte. Am Sülzufer können sie nach Herzenslus baden. Es geht durch Landschafts- und Naturschutzgebiete. Unterwegs gibt es an kleinen Bachläufen die Möglichkeit zu trinken.**

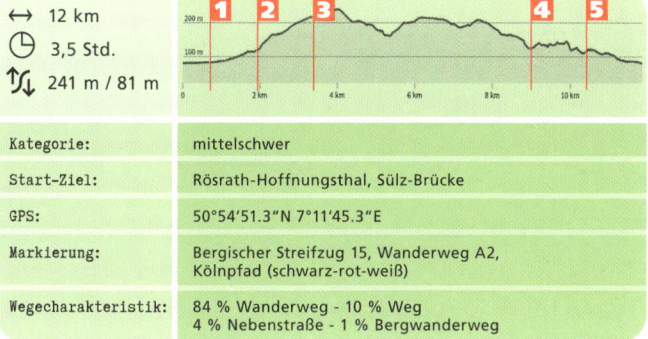

↔ 12 km
⏱ 3,5 Std.
↕ 241 m / 81 m

Kategorie:	mittelschwer
Start-Ziel:	Rösrath-Hoffnungsthal, Sülz-Brücke
GPS:	50°54'51.3"N 7°11'45.3"E
Markierung:	Bergischer Streifzug 15, Wanderweg A2, Kölnpfad (schwarz-rot-weiß)
Wegecharakteristik:	84 % Wanderweg - 10 % Weg 4 % Nebenstraße - 1 % Bergwanderweg

Los geht es auf dem Parkplatz am Rathaus Rösrath in Hoffnungsthal. Dort führt der Weg nach rechts durch einen Park entlang der Sülz. Man überquert die Volberger Straße, läuft weitere 300 Meter entlang der Sülz und biegt dann nach rechts in Richtung der **1** Backstein-Fabrikgebäude, die zum früher namhaften Hammerwerk gehörten. Das gab Hoffnungsthal, dem Tal der Hoffnung, weil es dort Arbeit gab, einst seinen Namen. Im 19. Jahrhundert wurde so aus Volberg Hoffnungsthal. Die Hammer des Werks wurden einst mit Wasserkraft aus dem durch ein Wehr von der Sülz abgezweigten Wasser betrieben. Man durchquert das alte Fabrikgelände und kommt an der Unternehmers-Villa vorbei, die später Verwaltungssitz des Unternehmens wurde. Dort informiert die erste Tafel über die Geschichte des Hammerwerks und erzählt von den weiteren Villen, an denen man an der Hauptstraße, auf die man hinter dem Fabrikgelände wieder stößt, vorbeikommt. Der Straße folgt man ein Stück nach links und kommt auch schon in Berührung mit der Berg-

TOUR 11

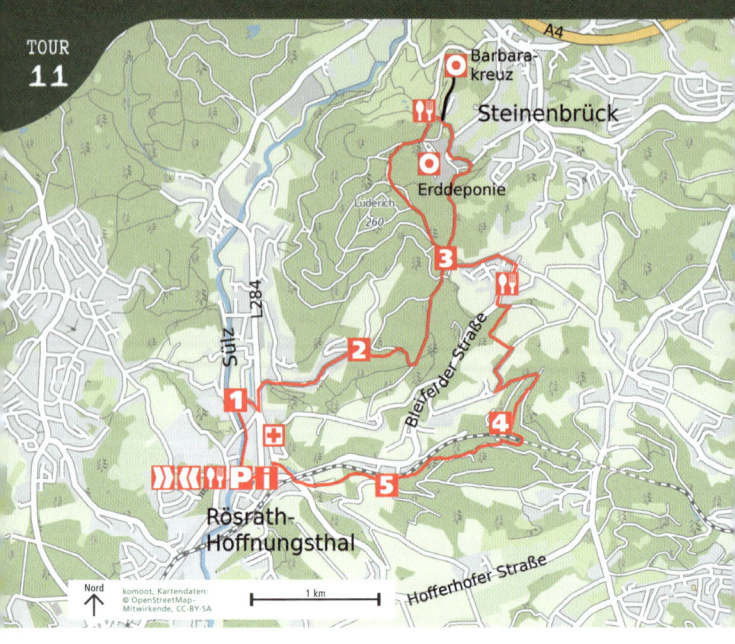

werksgeschichte, da eine der Villen dem Direktor des Bergwerks auf dem Lüderich, der die Unternehmenstochter des Hammerwerks geheiratet hatte, gehörte. Hinter den Villen geht bald eine kleine Straße rechts ab, der man folgt. Durch ein Wohngebiet führt die Straße bergan. Am Ende der Wohnbebauung, nach knapp 900 Metern, stößt man auf ein Fachwerkhaus, das frühere **2** Steiger-Haus. Dort lebte im 19. Jahrhundert der Steiger als Aufsichtsperson der Bergleute. Diese arbeiteten im heute verschlossenen Stollen des Franziska-Schachtes, der wiederum zur Grube Lüderich, der größten im Bensberger-Engelskirchener Erzrevier, gehörte. Neben dem Steiger-Haus befand sich das Waschhaus für die Bergleute. Darüber informiert die dortige Tafel. Dahinter geht es rechts steil bergan auf einem kleinen Pfad in den Wald bis man nach etwa 600 Metern auf einen richtigen Weg stößt, dem man nach links folgt. Nach weiteren 800 Metern in Richtung Norden erwartet einen an einer Lichtung der **3** Förderturm des Franziska-Schachtes. 237 Meter führte der Schacht einst in den Lüderich, worüber die dortige Tafel informiert. Mensch und Material wurden in einem Förderkorb in die Tiefe und wieder hinauf befördert. 1978 wurden Stollen und Schacht verschlossen. Reste eines eingestürzten Stollens findet man, wenn man am Förderturm vorbei schnur-

Der Förderturm auf dem Lüderich strebt in den Himmel

stracks in den Wald geht, wo verrostete Stahlbögen der einstigen Stollendecke aus dem Waldboden ragen. Man folgt dem Bergbauweg weiter nach links. Bevor man auf die ⦿ Erddeponie am Lüderich unterhalb der 260 Meter hohen gleichnamigen Bergspitze stößt, informiert eine Tafel über den spektakulären Fund von Scherben im Wurzelballen eines umgestürzten Baumes im Jahr 1997, die zu weiteren Grabungen führte. Diese brachten 16 Gruben zutage, die noch aus der Zeit der Römer stammen, die hier offensichtlich schon Bergbau betrieben haben. Im Mittelalter wurde das Erz vom Lüderich unter anderem für den Bau des Kölner Doms verwendet. Zumindest hat dessen Grundsteinleger, Erzbischof Konrad von Hochstaden, am Lüderich Erz dafür fördern lassen, worüber die Tafel ebenfalls informiert. Die Abraumhalden aus dem Mittelalter sind westlich davon noch zu erkennen. An den Hinweisen zur Erddeponie vorbei gelangt man schließlich zum Golfplatz am Lüderich. Links des Weges hat man einen spektakulären Blick ins Tal und auf die früheren Abraumhalden. An der Abzweigung folgt man aber dem Weg nach rechts, an dem Golfbistro vorbei. Letzteres befindet sich im Maschienenhaus der früher größten Erzaufbereitungsanlage Deutschlands. Damals war es mit Stahlseilen mit dem rechts daneben stehenden Förderturm verbunden, vor dem eine Ta-

TOUR 11

Entlang von Wiesen und Feldern führt der Weg hinab ins Tal

fel darüber informiert, dass sich hier der Hauptschacht der Grube befand, die 483 Meter tief in den Berg führte. Die gesamte Aufbereitungsanlage reichte bis hinab ins Sülztal und ist heute Golfplatzgelände. Hier ist man auch an der Kehrtwende des Weges angelangt, denn er führt jetzt wieder hinab ins Tal. Von hier aus kann man auch noch einen sehr interessanten Abstecher zum ⬤ Barbarakreuz machen. Mit Blick auf den Ort Bleifeld geht es hinab entlang der Erddeponie. Zurück am **3** Förderturm hält man sich links, um durch den Ort zu wandern. Hier bietet sich der Bleifelder Hof zur Einkehr an. Dazu folgt man an der zweiten Möglichkeit rechts ein. Von hier aus biegt man nochmals die zweite Möglichkeit dem Weg nach rechts und gelangt schließlich zum Gasthof. Nach der Rast folgt man der Straße Bleifeld Richtung Süden. Am Ortsausgang folgt man dem Weg nach rechts bis man linker Hand die Möglichkeit hat, scharf in den Wald einzubiegen. Im Wald macht der Weg zunächst eine Linkskurve. Anschließend gelangt man an eine Weggabelung, der man nach rechts Richtung Lüderich folgt. Kurz vor Lüderich biegt man scharf links ab und überquert nach 300 Metern den **4** Brunsbach-Klingenbach. Dahinter biegt man nach rechts ab. Entlang des Bachlaufs führt der Weg bis zu einer T-Kreuzung. Dort hält man sich rechts. Bevor man erneut den Bachlauf überquert, erzählt eine Tafel mitten im Wald vom Bau des Eisenbahn-Tunnels für die Eisenbahnstrecke Köln-Marienheide. Nach Überquerung des Baches folgt man dem Weg nicht weiter nach links bergab parallel der Bahnlinie – über die wird übrigens auch der Bach geleitet –, sondern knickt scharf nach links ab, wo man nochmals den Wasserlauf und dann die Bahnlinie überquert. Dahinter führt der Weg nach rechts weiter. Man biegt die nächste Möglichkeit links ab und gelangt weiter durch den Wald parallel der Eisenbahnstrecke. Auf dem Brünsbacher Weg hält man sich links und folgt dem Weg schließlich wieder nach rechts. Vorbei am Sportplatz gelangt man an den Ortsrand von Hoffnungsthal. Dabei durchquert man die kleine Ansiedlung **5** Brünsbach und läuft am Sportplatz vorbei, auf dessen Gelände sich bis Anfang des 20. Jahrhunderts die Grube Bergsegen befand. Auf der Straße überquert man die Bahnlinie und läuft vorbei am Freibad, das früher ein Klärteich für die Grube Bergsegen war. Man trifft schließlich auf die Rotdornallee (in der sich ein alter Bunker befindet - Besichtigung nach Voranmeldung beim Geschichtsverein www.gv-roesrath.de). Nach Überquerung der Straße trifft man vorbei an der Grundschule auf die Höfferhofer Straße, der man rechts bis zur Hauptstraße folgt. Dort rechts gelangt man zurück zum Ausgangspunkt.

Info

P	Parkplatz in Hoffnungsthal, hinter der Sülz-Brücke
🗺	Wanderkarte Overath und Umgebung (Blatt 6)
🍴	Golf-Bistro am Lüderich Am Golfplatz 1 51491 Overath www.gc-luederich.de täglich geöffnet Gasthof Zur Brücke Hauptstraße 215 51503 Rösrath www.gasthof-zur-bruecke.de Di. Ruhetag
🛏	Hotel Kleineichen Birkenweg 46 51503 Rösrath Tel.: 02205-9498850 Hunde kosten 7-10Euro/Nacht
ℹ	Info Stadt Rösrath Hauptstraße 229 51503 Rösrath Tel.: 02205-8020 www.roesrath.de
✚	Tierarztpraxis Terheyden Rotdornallee 46 51503 Rösrath Tel.: 02205-1520 www.tierarzt-terheyden.de

Tipp

Hinter dem Golfplatz am Lüderich links, lohnt sich ein Abstecher zum weithin auch von der Autobahn sichtbaren Barbarakreuz. Auf dem Weg dorthin passiert man einen alten Luftschutzbunker an einer Abraumhalde. Er diente den Bergleuten während des Zweiten Weltkrieges zum Schutz, denn Rösrath bekam relativ viele Bomben ab, da die Flugzeuge der Alliierten auf dem Rückweg von Köln ihre restlichen Bomben über dem vermeintlich menschenleeren Gebiet fallen ließen. Davon zeugen noch heute die vielen Krater. 2011 wurde im Bunker eine Mariengrotte eingerichtet, die tagsüber geöffnet ist. Das 15 Meter hohe Barbarakreuz wurde indes zum Gedenken an die Bergleute vom Lüderich im Jahr 1997 errichtet.

Wallfahrtsort Marialinden – Overath – luftige Höhen und anmutige Flusstäler

Unterwegs auf alten Pilgerpfaden

Hundefreundlichkeit: Der Weg führt über Wiesen und Felder, durch Landschafts- und Naturschutzgebiete und enthält kurze Straßenstücke, wo Vierbeiner an die Leine sollten. Im Agger- und Naafbachtal bietet sich ein Bad für die Wasserliebhaber unter ihnen an. Trinkmöglichkeiten gibt es einige auf den wasserreichen Wegen, die insbesondere an warmen Sommertagen einige schattige Plätzchen bieten.

↔ 12 km
⏱ 3 Std.
↕ 246 m / 109 m

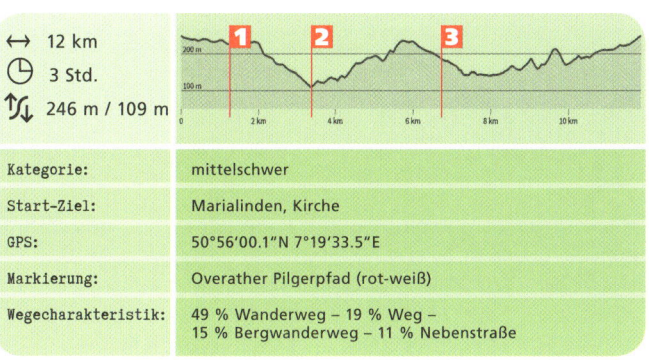

Kategorie:	mittelschwer
Start-Ziel:	Marialinden, Kirche
GPS:	50°56'00.1"N 7°19'33.5"E
Markierung:	Overather Pilgerpfad (rot-weiß)
Wegecharakteristik:	49 % Wanderweg – 19 % Weg – 15 % Bergwanderweg – 11 % Nebenstraße

Los geht es im Wallfahrtsort Marialinden am Parkplatz vor der Kirche. Schon seit über 300 Jahren kommen Pilger hier auf den Berg in die Wallfahrtskirche, um am Festoktav teilzunehmen. Sie erinnert mit ihren doppelten Kirchtürmen an den Kölner Dom. Einst verlief hier auch die Brüderstraße, ein Handels- und Pilgerweg, der das Rheinland mit dem Siegerland verband und heute Teil des Jakobswegs ist. Zunächst geht es auf der Alten Römerstraße entlang, wo nach etwa 100 Metern links abgebogen wird. Man verlässt Marialinden und läuft parallel zur Pilgerstraße für etwa einen halben Kilometer. Anschließend trifft man auf die Pilgerstraße, auf der man nach links geht. Am **1** Kreisverkehr biegt man rechts auf die Mucher Straße ab, um kurz danach links auf einen Waldweg zu gelangen. Durch Felder und Wiesen läuft man etwa 250 Meter hinab ins Tal nach Overath. Hier gibt es immer wieder traumhafte Ausblicke auf den Ort und das Aggertal.

TOUR 12

2 Unten angekommen, läuft man links parallel der Agger auf der anderen Seite des Ortes her. Wer nach Overath einkehren möchte, etwa um ein Eis zu genießen oder im ⊙ Kulturbahnhof zu schlemmen, muss zur nächsten Aggerbrücke am Ortsende laufen, weil der Lölsberger Steg, der über die Agger führt, wegen Baufälligkeit gesperrt ist. Nach einem Stück an der Agger entlang, biegt man an der nächsten Möglichkeit links ein und läuft wieder bergan in Richtung Lölsberg. Der Weg führt durch den kleinen Weiler über die Propsteistraße und vorbei am Ort Leyenhaus nach Eulenthal. Ein gleichnamiger Gasthof und die Eulenthaler Straße sind die nächsten Stationen auf dem Weg nach Viersbrücken, einem kleinen Ort oberhalb des Naafbachtales. Hier findet sich der

3 Campingplatz Paul, dessen dazugehörige Gaststätte eine sehr schöne Einkehrmöglichkeit bietet. Danach schlängelt sich der Weg für zweieinhalb Kilometer durchs Tal. Man hält sich dann links und bei der nächsten Möglichkeit wieder rechts, um dann weiter geradeaus parallel des Naafbachs (zur Rechten) zu laufen. Man folgt dem Bachlauf eine längere Zeit und überquert kurz vor der Mucher Straße den Naafbach und schließlich auch die 🚧 Straße, um direkt auf der anderen Seite ins kleine Naafbachtal zu gelangen. Der

Unterwegs gibt es tolle Ausblicke über die bergischen Höhen

Weg schlängelt sich und man nimmt die erste Möglichkeit, um nach links wieder bergan zu laufen. Im Wald folgt man der ersten Möglichkeit links und dann wieder rechts bergan entlang des Waldrandes (nicht nach Hardt weitergehen) auf dem Overather Pilgerpfad. Diesen Hinweisen folgend gelangt man wieder steil bergan nach Marialinden. Oben angekommen hält man sich rechts und läuft auf der Pilgerstraße in den Ort zurück zum Ausgangspunkt.

Tipp

Der mit sieben Fußfällen errichtete Kreuzweg führt von Overath nach Marialinden durch die Orte Weißenstein und Buscherhöfchen. Auch diesen Weg kann man hinab ins Tal nach Overath nehmen, er führt aber über Straßen und durch kleine Ortschaften und verlängert die Tour um etwa zwei Kilometer. Zudem muss man zum Schluss ein Stück entlang der Bundesstraße laufen. Über die Fußfälle aus Lindlarer Grauwacke informieren insgesamt acht Tafeln ebenso wie über eine Epidemie, die im Jahr 1740 zum Anlegen des Kreuzwegs führte.

Info

H	RB 25 bis Overath
P	Parkplatz in der Ortsmitte von Marialinden, links vor der Kirche
🗺	Wanderkarte Overath. Naturpark Bergisches Land (Naturarena Bergisches Land GmbH)
🍴	Camping Paul Restaurant-Biergarten-Campingplatz Viersbrücken 9 51491 Overath www.camping-paul.de Di./Mi. Ruhetag
🛏	Hotel-Restaurant Zum Eulenthal Eulenthalerstraße 47 51491 Overath-Eulenthal www.hotel-und-restaurant-zum-eulenthal.de Hunde übernachten kostenfrei
i	Rathaus Overath Hauptstraße 25 51491 Overath Tel.: 02206-6020 www.overath.de
✚	Tierärztliche Praxis Miersch Vinzenz-Grewe-Straße 22 51491 Overath-Marialinden Tel.: 02206-908679 www.tierarzt-miersch.de

TOUR 13

„Fernseh-Schloss" Ehreshoven – Stausee Ehreshoven – Aggertal – Bergbau-Idyll der 70er Jahre

Unterwegs in der Bergischen Schweiz

Hundefreundlichkeit: Zwischendurch verläuft die Strecke zwar einige hundert Meter entlang der B 55, aber ansonsten kann man fast ungestört mit dem Hund laufen (Naturschutzgebiet). Der Weg startet und endet am Café-Restaurant Bergische Schweiz, wo Hunde willkommen sind. Hier wartet stets ein Wassernapf auf die Vierbeiner. Außerdem gibt es hier auch ein Wildgehege mit Dammwild sowie Ziegen und Hühnern: darum Hunde auf jeden Fall anleinen! Die Wege folgen vielfach kleineren Wasserläufen, an denen die Vierbeiner trinken können. Lediglich die Bewohner des Schlosses Ehreshoven sind hundefeindlich. Sie verbieten mittels Schild das Begehen ihres Privatweges mit Hund links vom Schloss zu dessen Eingang.

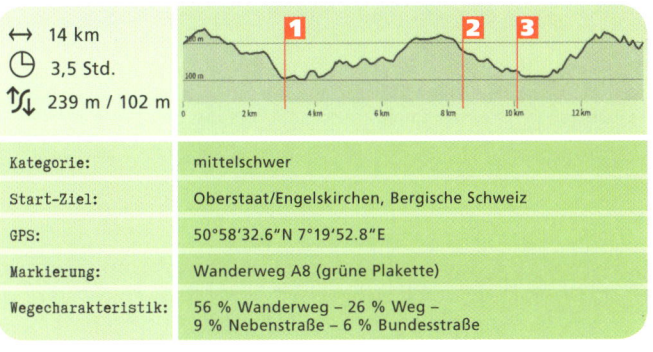

↔ 14 km
⏴ 3,5 Std.
↕ 239 m / 102 m

Kategorie:	mittelschwer
Start-Ziel:	Oberstaat/Engelskirchen, Bergische Schweiz
GPS:	50°58'32.6"N 7°19'52.8"E
Markierung:	Wanderweg A8 (grüne Plakette)
Wegecharakteristik:	56 % Wanderweg – 26 % Weg – 9 % Nebenstraße – 6 % Bundesstraße

Los geht es am Wanderparkplatz Bergische Schweiz. Dort findet sich nicht nur eine Übersichtskarte, sondern oberhalb auch die grüne Plakette des Wanderwegs A8. Der folgt man einfach nach oben in den Wald, um nach einer kurzen Strecke auf einer kleinen Straße zu landen (🟥 Hunde anleinen). Dort geht man nach links und nach einem kurzen Stück biegt man wieder nach links auf einen Weg ab und wandert über die Höhe – mit traumhaften Ausblicken auf die gegenüberliegenden Berge sowie die Agger und den 🔴 Ehreshovener Stausee. Hier begegnen dem Wanderer auch zwei Stationen des Hohkeppeler Liederweges, auf denen Verse alter Volkslieder stehen.

TOUR 13

Man hält sich an der zweiten Möglichkeit rechts und geht auf einer kleinen Straße bergab bis Vilkerath. Dort landet man an der B 55, der man einige Meter nach rechts auf Bürgersteigen bis zum Kreisverkehr folgt. Der Kreisverkehr ist der Standort der früheren Wasserburg Vilkerath. Deren Fundamente wurden bei Straßenbauarbeiten in etwa zwei Meter Tiefe entdeckt. Ein Teil der Bruchsteine wurde entfernt, die übrigen wieder mit Erde bedeckt. Hier an der **1** Kirche Maria Hilf biegt man links ein, Richtung Landwehr und überquert die Agger, die sich als 69 Kilometer langer Fluss durch das südliche Nordrhein-Westfalen schlängelt.

Nach der Aggerbrücke führt die Strecke unter der A 4 durch und dann direkt nach links bergan auf kleinem Naturpfad durch den Wald hinauf auf einen Weg, der wieder hinunter auf eine Landstraße führt. Ihr folgt man einige Meter nach links, um dann rechts ins verwunschene Schlingenbachtal einzubiegen. Von dort geht es bergan auf die Höhen von Hülsen und Niederhof. Von hier kann man zum Startpunkt auf der anderen Bergseite zurückblicken, wo sich die Bergische Schweiz in die Hügellandschaft duckt.

Ein kurzes Stück auf einer kleinen Straße laufend, geht es weiter, bis links der A8 in einen Feldweg (Distelhaus) abzweigt. Der Wanderweg

Die tolle Aussicht genießen

führt bergab vorbei am **2** Gut Forkscheid, das einstige Versorgungsgut von Schloss Ehreshoven, das aber heute leider unmittelbar an der A 4 liegt, um kurz danach wieder unter der Autobahn durchzuführen.

Nun folgen bald die Fischteiche auf der Strecke in Richtung des **3** Wasserschlosses Ehreshoven, auch bekannt als Schloss Königsbrunn von Ansgar Graf von Lahnstein aus der ARD-Vorabendserie „Verbotene Liebe". Das Schloss wurde im Jahre 1355 erstmals erwähnt und zählt seit dem barocken Neubau des 17. Jahrhunderts zu den feinsten Adressen des Adels im Bergischen Land. Da es privat bewohnt ist, kann es nicht be-

Auf dem Damm des Ehreshovener Stausees

Dieser Tümpel ist Teil des ehemaligen Bergbaugeländes im Tal

sichtigt werden. Es beherbergt unter anderem ein Damenstift der „Rheinischen Ritterschaft" und wird oft für Filmaufnahmen genutzt.

Der Weg führt hinter dem Schloss vorbei, da die Abzweigung vor dem Schloss nicht mit Hunden begangen werden darf. Von hier geht es vorbei am Gasthaus Boxberg wieder über die B 55 nach rechts über die Schienen. Nach dem kleinen Ort Ehreshoven kommt man vorbei an einem noch funktionierenden alten Wasserkraftwerk. Wenn man dahinter über den Damm schaut, blickt man auf den kleinen Stausee Ehreshoven. Er wurde 1932 in Betrieb genommen und ist mit knapp 100 Metern Höhe über Null der tiefste Punkt im Oberbergischen Kreis. An der dort befindlichen Kapelle vorbei geht in den kleinen Ort Kastor, den man über eine Schwingbrücke über die Agger erreicht – für Hunde eine kleine Herausforderung. Hier gelangt man auf das frühere Grubengelände der Grube Kastor, wo bis ins 19. Jahrhundert Zink, Blei und Kupfer abgebaut wurde, zwischen 1853 und 1883 sollen es etwa 500.000 Tonnen gewesen sein, 1932 wurde sie stillgelegt.

Danach geht es bergan vorbei an alten Bergarbeiterhäusern aus Fachwerk nach links über einen Waldweg, der bei Nässe recht matschig ist. Von hier sind es noch etwa zwei Kilometer zum Waldcafé Bergische Schweiz, wo einen ein wahrer Zoo empfängt. Zwischen Dammwild und Hühnern auf der einen, und Ziegen auf der anderen Seite, führt eine Treppe hoch zum Ausflugslokal, das ebenfalls schon

Dieses Fachwerkhaus ist Teil des Ausflugslokals Bergische Schweiz

mal gerne als Filmkulisse für die „Verbotene Liebe" herhält.
Versetzt in die 70er Jahre fühlt man sich, wenn man das Lokal betritt. Besonders beliebt sind die hauseigenen Wildspezialitäten, die im Eichenholz-Flair unter Hirschgeweihen sitzend nach der Tour besonders munden. Draußen auf der Terrasse gibt es direkt vor dem Wildgehege das typische Kännchen Kaffee mit Blick auf das Panorama des Bergischen Landes.

Tipp

Wer schon früher Hunger verspürt, kann auch in das rustikale Gasthaus Boxberg am Schloss Ehreshoven einkehren. Dort gibt es günstigen Mittagstisch sowie an den Wochenenden und Feiertagen ab 14 Uhr eine Kaffeetafel, unter anderem mit Bergischen Waffeln.
Das Gasthaus ist auch der ideale Start- und Zielpunkt, wenn man mit öffentlichen Verkehrsmitteln anreist, da der Bus dort direkt vor der Tür hält.

Info

🚍	RB 25 oder Schnellbus 31 nach Overath Hbf, dann Bus 310 bis Ehreshoven, Schloss
🅿	Parkplatz Waldcafé Bergische Schweiz (kostenfrei)
🗺	Wanderkarte Naturpark Bergisches Land: Lindlar, Engelskirchen, Kürten (Nr.3)
🍴	Gasthaus Boxberg Ehreshoven 15 51766 Engelskirchen www.gasthaus-boxberg.de Di./Mi. Ruhetag
🏨	Hotel - Restaurant - Waldcafe-Bergische Schweiz Oberstaat 51766 Engelskirchen www.bergische-schweiz.de Mo. Ruhetag
ℹ	Lindlar Touristik Am Marktplatz 1 51789 Lindlar Tel.: 02266-96407 www.lindlar.de
➕	TÄ Ute Zimmermann Schulweg 27 51766 Engelskirchen Tel.: 02263-901377

TOUR 14

Landidylle und Natur pur – Die Ursprünglichkeit des Bergischen Landes genießen

Rund um das Bergische Freilichtmuseum

Hundefreundlichkeit: Der Weg führt über Wiesen und Felder, durch Landschafts- und Naturschutzgebiete und ins Bergische Freilichtmuseum, wo Hunde an der Leine gern gesehene Gäste sind. Auf sie wartet am Eingang ein Wasserschälchen. Besonders spannend ist hier für Hunde auch der Kontakt zu Schweinen, Ziegen und Schafen (Leinenpflicht!). Zuvor passiert man noch einen Modellflugplatz, wo man Hunde auch besser an die Leine nimmt.

↔ 13 km
⏲ 3,5 Std.
⇅ 293 m / 168 m

Kategorie:	mittelschwer
Start-Ziel:	Lindlar/Heiligenhoven, Bergisches Freilichtmuseum
GPS:	51°00'42.2"N 7°21'20.7"E
Markierung:	Wanderweg A3
Wegecharakteristik:	62 % Wanderweg – 23 % Weg – 7 % Straße – 5 % Nebenstraße

Über Höhen und Täler führt die Tour, die am Parkplatz vom Freilichtmuseum Lindlar beginnt. Man geht von dort rechts in den Wald, in Richtung Unterheiligenhoven, und kommt auf dem Wanderweg A3 nach etwa 700 Metern an der kleinen **1** Dreifaltigkeitskapelle aus dem Jahr 1720 vorbei. Geht man ein kleines Stück weiter, erblickt man theoretisch die Ruinen von Schloss Unterheiligenhoven, die als solche aber nicht mehr zu erkennen sind. Auf den Grundmauern des Schlosses wurde einst ein Bauernhaus errichtet. Hinter der Mühle hält man sich rechts, um die Bundesstraße zu überqueren. Dort führt der Weg bergan in den Wald zum **2** Schellerhof, den man später erneut passieren wird.

An dem Bauernhof, an dem man auch frische Milch kaufen kann, läuft man weiter bergan Richtung Westen. Hinter einem kleinen Wäldchen auf der Höhe, das man durchqueren oder umrunden kann, gelangt man auf eine gemähte Wiese, wo Modellflieger ihrem Hobby frönen. Dort geht es wei-

TOUR 14

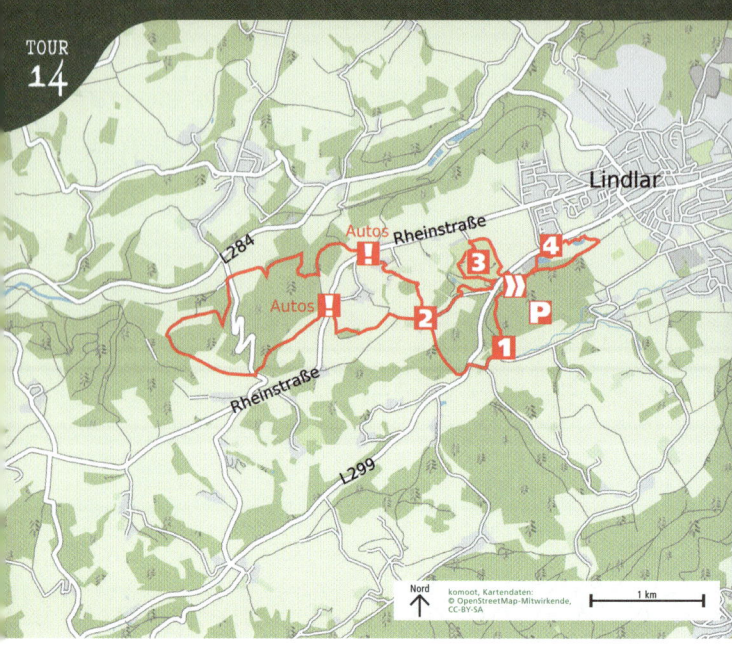

ter nach rechts und man überquert nach kurzer Zeit die ❗ Rheinstraße, hinter der man nach links weiterläuft. Durch Felder und ein Waldstück gelangt man erneut zu einer Straße, über die man dem Weg weiter folgt. Erneut vorbei an Feldern und durch den Wald führt der Weg nach rechts weiter. Im Wald macht der Weg einen scharfen Linksknick und führt schließlich wieder über die Straße. Auf der 3 Höhe hat man einen schönen Blick auf die Lindlarer Sülz. An Feldern vorbei knickt dann der Weg rechts ab in den Wald, wo man an der nächsten Möglichkeit wieder links läuft. Dann folgt man dem Weg nicht weiter, sondern biegt rechts ab und an der nächsten Möglichkeit wieder links.

Schließlich läuft man durch einen Fachwerkhof und kommt sich vor wie in den Bergen. Zur Rechten grasen Kühe unter Obstbäumen, zur Linken schauen Ponys neugierig über den Zaun.
Weiter führt der Weg erneut zur ❗ Rheinstraße, der man ein kleines Stück nach links Richtung Lingenbach folgt. An der Stelle, wo sich ein Hinweis zur Landfleischerei Porsch befindet, führt rechts eine kleine Straße hinunter Richtung Kemmerich, der man folgt und an grasenden Ziegen und Heidschnucken vorbei über die Höhe wieder zum Schellerhof gelangt. Dort hält man sich links und hat schon bald von der Höhe einen Blick auf das Lingenbachtal, in dem

Neugierig blicken die Ziegen im Freilichtmuseum auf die vorbeikommenden Hunde

Auf eine kleine Insel führt diese Brücke im Schlosspark Heiligenhoven

sich die Fachwerkhäuser des Freilichtmuseums befinden. Die Straße führt schließlich entlang der Umzäunung des Museumsgeländes bis hinunter ins Tal zu dessen Eingang.
Das von der UNESCO ausgezeichnete 4 Freilichtmuseum für Ökologie und bäuerlich-handwerkliche Kultur ist ein Höhepunkt. Dort findet man Natur und Kultur wie vor hundert Jahren. Täglich gibt es verschiedene Handwerksvorführungen und neben den historischen Gebäuden rücken auch die Beziehungen zwischen Mensch und Landschaft in den Blickpunkt. Das Lingenbachtal selbst wird zum Ausstellungsstück und zeigt die kleinteilige bergische Agrarlandschaft in der Zeit um 1900. Dazu gehören der Ackerbau mit historischen Geräten und Arbeitspferden, Zugkühen oder historischen Traktoren, die Haltung alter Nutztierrassen und die Bewirtschaftung der Wiesen und Weiden. Ein original alter Gasthof, der Lingenbacher Hof, lädt zur Einkehr ein.
Nach dem Museumsbesuch kann man vom Parkplatz aus noch einen ein Kilometer langen Abstecher zum 5 Schloss Heiligenhoven machen.

Durch den Wald folgt man den Schildern nach links runter zum Schloss, um in den wunderschönen Schlosspark mit Teichen, Seerosen und Wasservögeln sowie uralten Bäumen zu gelangen. Der Park wurde um 1800 im Stil englischer Landschaftsparks angelegt. Beim Schloss handelt es sich eigentlich um eine ehemalige Burg aus dem 14. Jahrhundert. Die heutige Anlage mit Vorburg und einem von Wassergräben umgebenen Herrenhaus stammt aus dem 18. Jahrhundert. Das Herrenhaus wurde nach einem Brand in den 1970er Jahren neu errichtet und ist Sitz der Verwaltung des Freilichtmuseums.

Am Schloss vorbei führt der Weg in Richtung eines Minigolfplatzes. Wenn man ihm weiter folgt, gelangt man nach Lindlar. Biegt man hinter dem Schlosspark vor dem zweiten Teich nach rechts ab, kommt man entlang des Bachlaufs durch den Wald wieder zurück zum Parkplatz.

Tipp

Am Anfang der Tour bietet sich ab Unterheiligenhoven ein Abstecher zum zwei Kilometer entfernten Segelflugplatz Lindlar an. Dort lockt eine original bergische Kaffeetafel im Landgasthof Bergische Rhön. Nach dem Besuch des Schlosses Heiligenhoven ist man auch schnell im Lindlar. Mit seinen über 900 Jahren ist Lindlar einer der ältesten Orte des Bergischen Landes und lädt mit seinem historischen Ortskern zum Bummeln ein.

Info

H	Schnellbus 40 nach Bensberg, dann Bus 421 bis Haltestelle Lingenbach oder RB 25 bis Engelskirchen, dann Bus 332 (bis Lindlar-Busbahnhof) und Bus 421 (bis Lingenbach)
P	Museumsparkplatz an der L 299, direkt gegenüber dem Museum
🗺	Wanderkarte Naturpark Bergisches Land: Lindlar, Engelskirchen, Kürten (Nr. 3) (erhältlich bei Lindlar Touristik)
🍴	Naumanns im Lingenbacher Hof Bergisches Freilichtmuseum Lindlar Lingenbacher Weg 6 51789 Lindlar www.lingenbacher-hof.de Mo. Ruhetag
⛔	Landgasthof Bergische Rhön Holzer Strasse 18 51789 Lindlar www.bergische-rhoen.de Di. Ruhetag Hunde kosten 6 Euro/Nacht
i	Lindlar Touristik Am Marktplatz 1 51789 Lindlar Tel.: 02266-96407 www.lindlar.de
	Bergisches Freilichtmuseum Lindlar Schloss Heiligenhoven 51789 Lindlar Tel.: 02266-90100 www.freilichtmuseum-lindlar.lvr.de März-Oktober: Di.-So. 10-18, November-Februar: Di.-So. 10-16
✚	Kleintierpraxis Eckes Lingenbach 2 51789 Lindlar Tel.: 02266-5580 www.tierarztpraxis-eckes.de

TOUR
15

Bergisches Land – beliebte Pilger- und Wanderwege

Natur pur mit Bergbaukultur

Hundefreundlichkeit: Zwischendurch verläuft die Strecke zwar einige hundert Meter entlang der Straße, aber ansonsten kann man fast ungestört mit dem Hund laufen (teilweise Naturschutzgebiet). Der Weg startet und endet am Café-Restaurant Wald-Eck, wo Hunde willkommen sind. Hier wartet meist ein Wassernapf auf die Vierbeiner. Die Wege folgen vielfach kleineren Wasserläufen, an denen die Hunde trinken können.

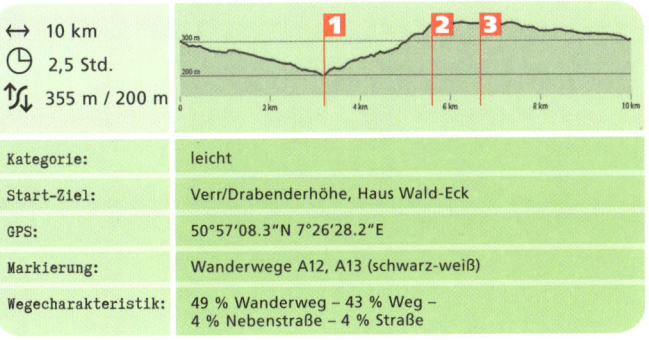

↔ 10 km
⏱ 2,5 Std.
↕ 355 m / 200 m

Kategorie:	leicht
Start-Ziel:	Verr/Drabenderhöhe, Haus Wald-Eck
GPS:	50°57'08.3"N 7°26'28.2"E
Markierung:	Wanderwege A12, A13 (schwarz-weiß)
Wegecharakteristik:	49 % Wanderweg – 43 % Weg – 4 % Nebenstraße – 4 % Straße

Los geht es am Parkplatz Haus Wald-Eck nach links auf den Weg vorbei an Pferdekoppeln und einem Pferdehof.
Der Weg führt nach einer Rechtskurve hinab zum Loopebach, der mitten durch das Heck, eines der größten zusammenhängenden Waldgebiete, über acht Kilometer von Ost nach West verläuft. Parallel des Bachlaufs verläuft der Weg mal rechts, mal links. Nach etwa zweieinhalb Kilometern biegt man links ab und kommt kurze Zeit später zur bis heute nicht bewachsenen Abraumhalde der ehemaligen Grube Silberkaule. Dort wurden schon im 13. Jahrhundert Silbererz und Blei geschürft. Im Bereich der Grube konnten sogar eine Minensiedlung und Förderschächte nachgewiesen werden. Die Siedlung bestand aber nur im 13. Jahrhundert und wurde gegen räuberische Übergriffe von der Brüderstraße mit einer Landwehr geschützt. Die fiel dem Bau weiterer Schächte im späten 15./16. Jahrhundert zum Opfer. Bis zum 19. Jahrhun-

TOUR 15

Der Pferdehof – Landidylle pur

dert gab es drei Schächte, die bis zu 200 Meter tief waren.
Entlang des Heckbachs führt der Weg in Serpentinen bergan auf die **2** Höhe. Dort geht es links am Rande der kleinen Ortschaft Heckhaus entlang. Nach kurzer Zeit gibt es links einen Abzweig zum ⊙ Turm, der auf dem höchsten Punkt des Hecks auf 383 Meter steht - ein militärischer Sicherheitsbereich. Ein kleines Stück weiter rechts steht das **3** Hinweisschild Schöne Aussicht, dem man unbedingt folgen sollte. Nach wenigen Metern wartet dort eine Bank mit traumhaften Blicken über die bergischen Höhen bis ins Siebengebirge. Wieder zurück auf dem Weg tun sich immer wieder nach Süden Blicke auf, die teilweise bis ins Sauerland reichen. Es geht weiter vorbei an dem Abzweig links nach Büddelhagen, wo eine Bank romantisch unter einem Apfelbaum steht und zur Rast einlädt. Weiter geradeaus hat man nach einem Waldstreifen einen wunderschö-

nen Blick auf Drabenderhöhe. Links liegt hier eine Sitzgruppe „Wanderers Rast" mit Hinweis auf die alte Brüderstraße. Folgt man dem ein kurzes Stück in den Wald hinein, findet man ein Straßenschild und die Reste des berühmten Hohlwegs.

Weiter durch Grünland stößt man erneut auf eine kleine Straße, die nach Büddelhagen führt, man läuft aber weiter geradeaus nach Drabenderhöhe. Am Schnittpunkt zweier mittelalterlicher Handelswege, der Brüderstraße und der Zeithstraße, lag „Drauende hoighe" und später „Trabender Höhe" an einem Punkt auf der Höhe, wo die Wasser nach allen Seiten flossen. Sechs Bäche entspringen hier. Kurz nach dem Abzweig nach Büddelhagen gelangt man auf die Alte Kölner Straße. Nach links kommt man wieder zurück nach Verr zum Ausgangspunkt, dem Parkplatz von Haus Wald-Eck, das mit morbidem Charme an ein Forsthaus erinnert.

Auf einer Abraumhalde an der Grube Silberkaule

Info

🏨	RB 25 bis Bahnhof Ründeroth, dann Bus 319 nach Drabenderhöhe
🅿	Parkplatz Haus Wald-Eck
🗺	Wanderkarte Overath und Umgebung (Blatt 6)
🍴	Restaurant-Hotel Haus Wald-Eck Verr 14 51674 Wiehl www.haus-wald-eck.de Hunde auf Anfrage erlaubt
ℹ	Touristinformation Wiehl Bahnhofstraße 1 51674 Wiehl Tel.: 02262-99195 Mail: touristinfo@wiehl.de www.wiehl.de
✚	TA Ulrich Goeddertz Tixhoven 1 51491 Overath - Marialinden Tel.: 02206-4257

Tipp

Wendet man sich an der Alten Kölner Straße in Drabenderhöhe nach rechts, gelangt man zur „Teufelsküche". Das Fachwerkhaus befindet sich seit 150 Jahren in Familienbesitz. Die frühere Sattlerei und spätere Bäckerei wurde parallel zur Schankwirtschaft betrieben. Seit 40 Jahren ist sie Restaurant und wartet mit kreativer und junger Küche sowie Musikevents auf (www.die-teufelskueche.de). Letzteres gilt auch für die auf der anderen Straßenseite liegende „artfarm club", wo es auch einige Hotelzimmer gibt (www.art-farm.de).

TOUR 16

**Bierdorf Bielstein –
den Geheimnissen des Bierbrauens auf der Spur**

Auf dem Bierweg durch das Bergische Land

Hundefreundlichkeit: **Auch wenn Hunde keine Biertrinker sind, eignet sich der Weg für sie, denn er führt über Wiesen und durch Wälder, wo sie getrost laufen können. Auf dem ersten und letzten Stück entlang der Straße sollte man sie aber an die Leine nehmen. In der sehenswertesten und urtümlichsten Gaststätte mit gestampftem Lehmboden, der Krahmer Scheune, sind Hunde ebenso herzlich willkommen, wie im Hotel. Und wie überall im Bergischen Land mit seinen vielen Wasserläufen, gibt es entlang des Wegs immer auch Gelegenheit zum Trinken und Baden.**

↔ 13,5 km
⏲ 3,5 Std.
↕ 316 m / 164 m

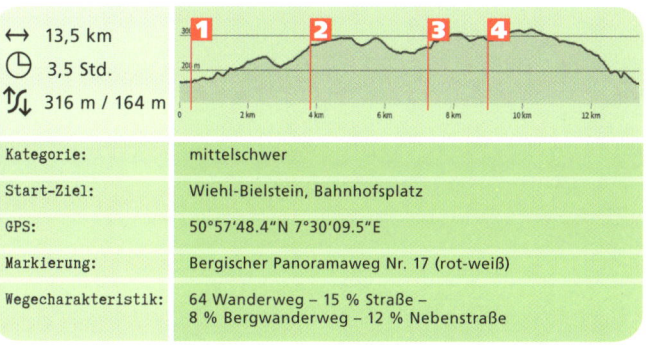

Kategorie:	mittelschwer
Start-Ziel:	Wiehl-Bielstein, Bahnhofsplatz
GPS:	50°57'48.4"N 7°30'09.5"E
Markierung:	Bergischer Panoramaweg Nr. 17 (rot-weiß)
Wegecharakteristik:	64 Wanderweg – 15 % Straße – 8 % Bergwanderweg – 12 % Nebenstraße

Der Weg startet am Busbahnhof in Bielstein, unweit der Bielsteiner Erzquell Brauerei. Sie ist eine von 1300 deutschen Braustätten Deutschlands und die östlichste Kölschbrauerei überhaupt. Dass hier außerhalb der Kölner Stadtgrenzen Kölsch gebraut werden darf, ist keineswegs selbstverständlich und liegt daran, dass dies schon vor Verabschiedung der Kölsch-Konvention (1986), die das regelt, der Fall war. Seit den 1970er Jahren wird in der Brauerei, die 1900 vom Ur-Großvater des heutigen Geschäftsführenden Gesellschafters Axel Haas als Adler Brauerei GmbH gegründet wurde, Zunft Kölsch gebraut. Der Betrieb beschäftigt rund 50 Mitarbeiter und braut circa 150.000 Liter Kölsch pro Jahr.

Vom Parkplatz aus macht man zur Einstimmung nach rechts den ers-

TOUR 16

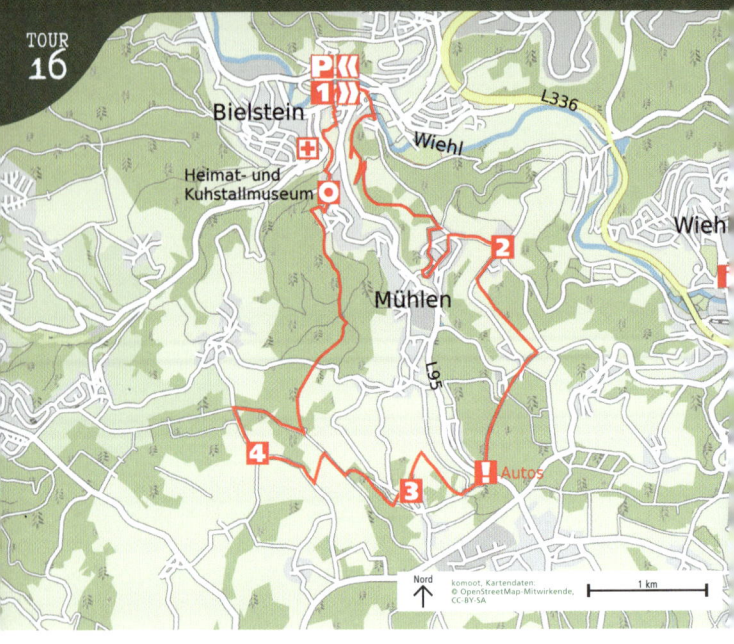

ten kleinen Abstecher zum 1 Brauhaus, in dem die kupfernen Kessel glänzen. Auf der gegenüberliegenden Straßenseite findet man die erste Informationstafel zum Bierweg. Man folgt der Bielsteiner Straße nach links und folgt den roten Hinweisschildern zum Bierweg, der auf der Straße An der Mühle nach rechts und gleich wieder nach links abzweigt. Auf der Straße Zur Fliehburg geht es steil den Berg hinauf und vor dem Freibad scharf nach rechts über die Wiehl hinweg in zwei scharfen Spitzkehren durch den Wald zunächst Richtung Linden. Am Ortsanfang hält man sich rechts und trifft im Ort auf eine Info-Tafel, die auf die Quelle hinweist, aus der die Erzquell Brauerei ihr Wasser bezieht. Von hier aus hat man eine wunderschöne Aussicht. Man biegt zweimal nach links ab, um wieder auf den ursprünglichen Weg zu gelangen, der steil in Richtung 2 Hengstenberg führt. Dort gibt es ebenfalls tolle Ausblicke ins das Tal und eine Info darüber, dass das aus Gerste gewonnene Malz sowohl über die Farbe als auch die Geschmacksfülle des Biers entscheidet.

Man läuft dann scharf nach rechts und biegt von der kleinen Straße nach rechts ab. Vorbei an Faulmert trifft man wieder auf eine kleine Straße, der man nach rechts in den Wald folgt. Man überquert

Unterwegs auf dem Bierweg kann man nicht nur tolle Ausblicke genießen, sondern auf vielen Infotafeln Wissenswertes über Bier erfahren

Alte Obstbaum-Wiesen prägen das Bild am Wegesrand

die ❗ Mühlener Straße, um an der nächsten Möglichkeit wieder nach rechts abzubiegen. Dort am Rande von Steinacker informiert die nächste Tafel über den Hopfen. Im „Hoheitsgebiet von Niederbellinghausen, Hau, Fahlenbruch und Gassenhagen", wie es die dortigen Trekkerfreunde nennen, züchtet ein Hobby-Bierbrauer Hopfen.

Von hier knickt der Weg scharf nach links ab Richtung 3 Gassenhagen. Am Ortsende geht man über eine Straße hinweg nach rechts in den Wald. Dahinter, auf dem freien Feld, biegt man nach links Richtung Nallingen ab. Dort nimmt man die erste Möglichkeit rechts, um auf einer kleinen Straße nach Krahm zu gelangen. Hier wartet nicht nur eine Infotafel zur Arbeit der Bierkutscher auf die Wanderer, sondern auch die zauberhafteste Einkehrmöglichkeit überhaupt. Schräg gegenüber steht nämlich die 4 Krahmer Scheune.

Die Straußenwirtschaft in der historischen Scheune mutet mit ihrem gestampften Lehmboden wie ein Relikt aus früheren Zeiten an. Draußen sitzt man an großen Holztischen unter Weinlaub und zwischen alten landwirtschaftlichen Geräten und lässt sich ein kühles Zunft schmecken. Auf die ebenfalls willkommenen Vierbeiner wartet ein Schälchen Wasser. Geöffnet ist die Scheune allerdings nur an den Wochenenden zwischen Mai und September.

An der nächsten Möglichkeit biegt man wieder nach rechts in den Wald ab und dann wieder scharf nach links, um vorbei an Feldern und Wiesen und wieder durch Wald nach Wiehl-Damte zu gelangen, wo es ein 5 Heimat- und Kuhstallmuseum gibt. Nach einem scharfen Knick nach links geht es über die Bechsteinstraße wieder zurück an den Ausgangspunkt in Bielstein.

Ein Besuch in der Krahmer Scheune lohnt auf jeden Fall

Tipp

In der Erzquell Brauerei finden auch Führungen statt, Imbiss incl. Bierverkostung kosten rund 10 Euro. Pro Stunde werden hier 40.000 Flaschen vollautomatisch abgefüllt. Hunde dürfen jedoch leider nicht mit hinein. Mehr Infos unter www.erzquell.de

Info

H	DB 25 bis Dieringhausen, dann Bus 302 Richtung Waldbröl bis Bielstein
P	Parkplatz Bahnhofsplatz/Dreibholzer Straße/Schlanderser Straße
🗺	Wanderkarte Naturpark Bergisches Land: Bergneustadt, Engelskirchen, Gummersbach, Lindlar, Meinerzhagen, Reichshof, Wiehl, Wipperfürth (Nr. 4)
🍴	Krahmer Scheune Krahm 9 51588 Nümbrecht http://krahmer-scheune.de.tl Mai-September geöffnet Haus Kranenberg Restaurant-Kneipe-Café Bielsteinerstraße 92 51674 Wiehl-Bielstein www.haus-kranenberg.de Di. Ruhetag
🚫	Hotel zur Post Wiehl Hauptstraße 8-10 51674 Wiehl-Bielstein www.hzpw.de Hunde kosten 15 Euro/Nacht
i	Tourist-Info der Stadt Wiehl Bahnhofstraße 1 51674 Wiehl Tel.: 02262-99195 www.wiehl.de
✚	Allgemeinmedizinische Praxis für Groß- und Kleintiere Dorothee Wiskott Brindöpkestraße 4 51674 Wiehl-Bielstein Tel.: 02262-5802

Zwischen Rhein und Sieg

Wassererlebnisweg Sieg – wildromantische Pfade durch Natur- und Vogelschutzgebiete – Yachthafen Mondorf

Unterwegs in den Auenlandschaften der Sieg

Hundefreundlichkeit: Hunde können auf diesem Weg reichlich baden und trinken. Über Felder und durch Waldstücke führt die Tour bis zur Rheinmündung durch Natur- und Landschaftsschutzgebiete. Aufpassen sollte man allerdings insbesondere in den ruhigeren Auenbereichen, da es dort zahlreiche Wasservögel gibt. Hunde sollten hier unbedingt an der Leine bleiben.

↔ 15,5 km
🕒 4 Std.
↕ 58 m / 45 m

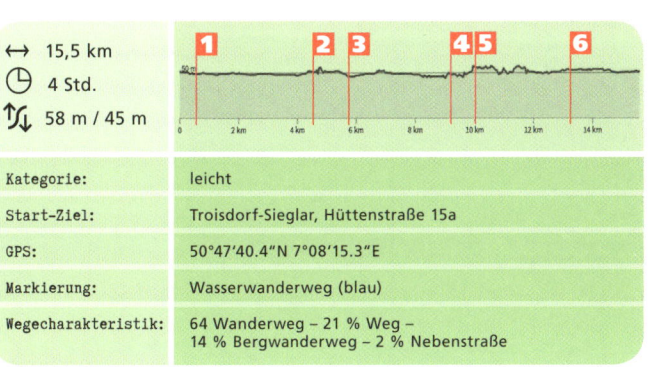

Kategorie:	leicht
Start-Ziel:	Troisdorf-Sieglar, Hüttenstraße 15a
GPS:	50°47'40.4"N 7°08'15.3"E
Markierung:	Wasserwanderweg (blau)
Wegecharakteristik:	64 Wanderweg – 21 % Weg – 14 % Bergwanderweg – 2 % Nebenstraße

Der Weg beginnt am Wanderparkplatz Sieglarer See. Von hier aus überquert man die Wegkreuzung in Richtung Westen, um zum **1** Sieglarer See zu gelangen. Der See entstand einst als Abgrabungsgewässer beim Bau der nahe gelegenen Autobahn 59 und ist heute ein wichtiger Lebensraum für viele Tiere. Bei Hochwasser ist er mit einer Rinne mit der anliegenden Sieg verbunden. Am östlichen Seeufer spaziert man entlang und blickt auf zwei Inseln, deren Bäume eine gemischte Brutkolonie von Kormoranen und Graureihern beherbergen.

Der Uferweg führt schnurstracks entlang der Sieg, deren Verlauf man flussabwärts folgt. Die ca. 153 km lange Fluss ist einer der größten Nebenflüsse des Rheins und entspringt im Rothaargebirge im Sauerland. Kopfweiden wechseln sich ab mit Pappeln und Erlen. Zwischen Gestrüpp und hohem Gras verläuft der schmale Pfad, auf dem man wandert. Das links liegende Siegufer öffnet sich immer mal wieder zu klei-

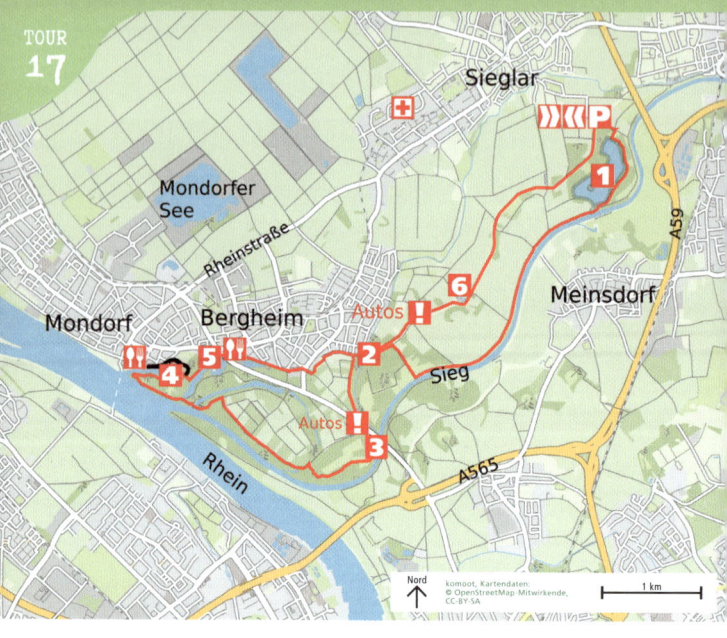

nen Kies-Badestellen, während sich rechts Felder erstrecken, auf denen sich Graureiher und ab und an auch mal Störche zu einer Regenwurmmahlzeit einfinden.
Vogelgezwitscher und Froschgequake bilden die Haupt-Geräuschkulisse der Weichholzaue, nachdem man sich immer weiter von der Autobahn entfernt hat. Schließlich befindet man sich im Naturschutzgebiet Steingrund, das die Reste eines ehemals viel größeren Auwaldes darstellt. An einem Schild, das auf den besonderen Schutz der Landschaft hinweist, folgt man dem Weg nicht mehr weiter geradeaus, sondern biegt nach rechts ab. Hier bietet eine abgestorbene Pappel mit Baumpilzen einen besonderen Blickfang. An der nächsten Abzweigung links kann man einen kurzen Abstecher zu einer alten Streuobstwiese machen, der Weg endet aber dort. Darum sollte man den zweiten Weg vor dem Deich links einbiegen und Richtung Deichkrone gehen.
Dort läuft man weiter geradeaus und gelangt über eine kleine 2 Brücke über den Mühlengraben, und damit zum Ortsanfang von Bergheim. Der Mühlengraben ist ebenfalls ein Altarm der Sieg, der aber schon im Mittelalter zu einem Graben für den Betrieb von Korn-, Öl- und Schneidermühlen ausgebaut wurde. Er reicht bis nach Siegburg und diente früher auch der Kleinschifffahrt. Hinter dem Spielplatz biegt man links

Graureiher und Störche treffen sich in den Siegauen

ab wieder hinunter in die Siegaue. Entlang einer alten Siegschleife unterquert man eine ❗ Straße und gelangt unter einer großen Brücke hindurch nach links zur alten 3 Siegfähre.
Sie ist die einzige Einmannfähre in Deutschland und wird von einem Fährmann zwischen April und Oktober entlang eines Seils über die Sieg betrieben. Dort wartet auch ein Restaurant mit Biergarten auf Besucher. Wer keine Pause einlegen möchte, läuft weiter auf dem Damm entlang einer Streuobstwiese in den Wald. Hier gibt es einige, bei Hochwasser wasserführende Rinnen und einen Kolk, sowie ein tiefes Wasserloch, das auf einen früheren Deichbruch hinweist. Die vielen Rinnen im Gelände sind vermutlich das Ergebnis der Siegkorrektur. Von der ursprünglichen Siegmündung zeugen noch heute die Altarme. Zahlreiche Siegschleifen wurden schon 1777 zum Schutz der Ansiedlungen und der Wirtschaftsflächen abgeschnitten. Die Sieg mündete früher einen halben Kilometer von Bergheim entfernt in den Rhein. Davor lag die Insel Pfaffenmütze, die heute eine Landzunge zwischen Sieg und Rhein ist. Man folgt dem Weg nach einem Linksknick weiter parallel zur neuen Sieg, die aber aufgrund der Bäume und des dichten Unterwuchses kaum zu sehen ist. Bevor man über eine Holzbrücke einen Altarm

Die letzte Ein-Mann-Fähre Deutschlands führt über die Sieg

der Sieg passiert, sollte man nach links ans Flussufer gehen, denn hier hat man einen fantastischen Blick auf die Siegmündung. Über die Brücke hinweg läuft man nun entlang des Rheins und kann dabei wunderschöne Ausblicke auf Europas größte Wasserstraße und ihren regen Schiffsverkehr genießen. Das andere Rheinufer bietet nach links ein Panorama mit der Kirche von Graurheindorf.

Weiter geht es zum **4** Yachthafen Mondorf. Die hier so gemütlich dümpelnden Schiffe haben einen besonderen Reiz. Wer möchte, kann auch um das Hafenbecken herum nach Mondorf laufen, wo das Hafenschlösschen zur Einkehr lockt. Der Weg führt ansonsten wieder ein kleines Stück in den Wald und dann entlang des Ortsrandes von Bergheim, wo man parallel auf zwei große Altarme der Sieg, auf den historischen Aalschokker und alte Kähne, stößt. Das Boot zum Fang von Aalen kam zu Beginn des letzten Jahrhunderts aus den Niederlanden an den Rhein. Es verfügt über keinen eigenen Antrieb und kann nur mit Ketten und Winden an den Fangplatz geschleppt werden.

Das bezaubernde Bild kann man genießen, bevor man eine steile Treppe hinaufklimmt und zum **5** Fischereimuseum der Bergheimer Fischereibruderschaft gelangt. Das daneben liegende Bootshaus bietet eine schöne Einkehrmöglichkeit mit Blick auf die Boots-Idylle. Man folgt kurz dem Schild „zur Siegfähre" und läuft weiter ein kleines Stück über eine große Straße hinweg und entlang des Ortsrandes. Nachdem man erneut die **2** Brücke über den Mühlengraben passiert hat, zweigt man links ab (Auf dem Klingelberg). Der Weg entfernt sich schließlich wieder von der Ortschaft. Man passiert einen Sportplatz auf der linken Seite und überquert die **H** Straße Zur Siegaue. Vorbei am **6** Klärwerk auf der Deichkrone geht es schnurstracks zurück zum Ausgangspunkt. Unterwegs genießt man traumhafte Ausblicke auf die Ortschaften Müllekoven, Eschmar und schließlich Sieglar, die hinter den Feldern und Wiesen der Siegaue liegen.

Tipp

Das Fischereimuseum in Bergheim ist von 14 bis 18 Uhr, sonn- und feiertags von 12 bis 18 Uhr geöffnet. Es informiert nicht nur über die lange Tradition der Fischereibruderschaft Bergheim, die die wohl älteste Zunftverbindung in Deutschland ist - ihre Gründung liegt im Jahr 987 n. Chr. -, sondern auch über die verschiedenen Fischarten, die Fischerei-Tradition an der Sieg sowie über das alte Netze- und Korbmacherhandwerk in den Siegorten. Das Museumsbüro hat Mo. und Do. von 9.30 bis 13 Uhr geöffnet. Infos gibt es auch unter www.fischereimuseum-bergheim-sieg.de

Info

H	S 12, S 13 oder mit RB bis Troisdorf Bahnhof, dann Bus 165 oder 501 (Richtung Sieglar) bis Haltestelle Kerpstraße
P	Wanderparkplatz Sieglarer See
	Wanderkarte Natursteig Sieg: Siegburg - Windeck-Au
	Zum Bootshaus Nachtigallenweg 37 53844 Troisdorf-Bergheim Tel.: 0228-18086859 www.bootshausbergheim.de Mo. Ruhetag
	balladins SUPERIOR Hotel Köln Airport Larstrasse 1 53844 Troisdorf Tel.: 02241-9979 www.balladins-hotels.com Hunde kosten 10 Euro/Tag
i	Tourist-Info Burg Wissem Burgallee 1 53844 Troisdorf Tel.: 02241-900-456 Mail: Tourist-Information@Troisdorf.de www.troisdorf.de
	Tierarztpraxis Kesten Dr. Anja Kesten Van-Gogh-Platz 3 53844 Troisdorf Tel.: 02241-493393 www.tierarztpraxis-kesten.de

TOUR 18

Burg Honrath – Aggertal – Gut Schiefelbusch –
Landwirtschaft hautnah erleben

Schloss Auel und Gammersbacher Mühle

Hundefreundlichkeit: Entlang der Agger können Hunde immer mal wieder im Flusslauf baden. Durch Wald und Flur führt der Weg durch Landschafts- und Naturschutzgebiete. Auf dem Bauernhöfen wie Gut Schiefelbusch und der Gammersbacher Mühle sind die Vierbeiner willkommen. Auf sie wartet ein Wassernapf. Man sollte sie jedoch wegen der vielen Tiere an der Leine führen.

↔ 13 km
⏲ 3,5 Std.
↕ 214 m / 73 m

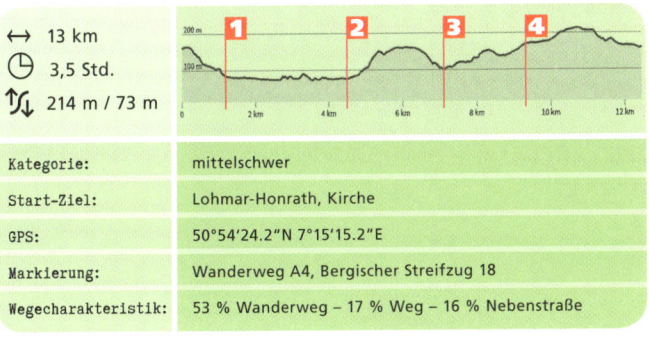

Kategorie:	mittelschwer
Start-Ziel:	Lohmar-Honrath, Kirche
GPS:	50°54'24.2"N 7°15'15.2"E
Markierung:	Wanderweg A4, Bergischer Streifzug 18
Wegecharakteristik:	53 % Wanderweg – 17 % Weg – 16 % Nebenstraße

Los geht es an der Kirche und Burg Honrath. Dass das große befestigte Haus neben der Kirche eine Burg ist, erkennt man erst auf den zweiten Blick. Die ersten Überlieferungen des Rittersitzes gehen bis ins 12. Jahrhundert zurück. Sie ist heute in Privatbesitz. Nach links läuft man an der Burg vorbei und gelangt über den Bergrücken mitten durch das riesige Golfplatzgelände von 1 Schloss Auel hinunter ins Tal. Unten lohnt sich ein Abstecher ein Stück weiter geradeaus zum Wasserschloss, wo es außer dem Golfbetrieb ein Restaurant, ein Hotel, ein Kaffeehaus und ein Bistro gibt. Erstmals im Jahr 1391 erwähnt, befindet sich das barocke Bauwerk seit 1818 bis heute im Besitz der Familie de la Valette St. George, die dem französischen Uradel abstammt. Berühmte Häupter wie Napoleon, Zar Alexander I. und Kaiser Wilhelm II. nächtigten bereits hier. Seit 1951 wird Schloss Auel als Hotel geführt. Zurück auf dem Weg folgt man diesem zunächst nach Westen. Nach knapp 700 Metern hält man sich links, um kurz danach wieder nach

TOUR 18

Dieses Tor bietet Ausblicke in den Schlosshof

rechts abzubiegen. Nach nur wenigen hundert Metern trifft man auf die Agger, der man Richtung Süden folgt, bis man den 2 Brückerhof passiert.
Hinter dem Hof hält man sich rechts. Der Weg durch die Felder führt auf die Höhen und offenbart wunderschöne Aussichten auf das Aggertal. Vorbei am Hitzhof führt der Weg nach rechts durch den Wald und dann an dessen Rand entlang bis zur Scheiderhöher Straße. Der folgt man ein kurzes Stück nach links und gelangt linksherum durch Muchensiefen wieder hinab ins Tal, wo man auf die 3 Gammersbacher Mühle stößt. Vorbei an ! Pferdeställen kommt man von hinten auf das Gelän-

Schloss Auel ist heute Sitz des Golfclubs und Hotelbetrieb

Die Tour führt vorbei an Pferdekoppeln

de. Die Wassermühle liegt am Gammersbach, ein Nebenfluss der Sülz. Sein Wasser treibt das immer noch intakte Wasserrad an. Die Mühle ist 1885 erstmals erwähnt. Heute bieten die Inhaber Kutsch- und Erlebnisfahrten an, betreiben eine kleine Straußenwirtschaft und einen Hof mit Pferden, Ziegen, Hühner, Puten, Pfauen und allerlei Kleinvieh. Wenn man Glück hat, kann man die Pfauen ein Rad schlagen sehen. Im urigen Innenhof, kann man – beobachtet von Pferden, die aus ihren Boxen schauen – selbst gebackenen Kuchen und Kaffee genießen oder frisch gebackenes Steinofenbrot kaufen.
Am Gammersbach entlang führt der Weg Richtung Nordosten. Nach

Eine Spannbrücke verbindet bei Wahlscheid die Aggerufer miteinander

knapp einem Kilometer wird der Gammersbach passiert.
Nach weiteren knapp 800 Metern hält man sich rechts, um an der nächsten Gelegenheit links zum 4 Gut Schiefelbusch zu gelangen.

Das bergische Bauerngut zeichnet sich besonders durch Nachhaltigkeit aus. Neben dem Anbau von Futter für die eigenen ❗ Kühe, Hühner, Gänse und Pferde gibt es auch Kartoffeln, Erdbeeren und Spargel, aber auch Blumen (zum Selberpflücken) zu kaufen. Darüber hinaus bietet der Hofladen Produkte der Streuobstwiesen wie Säfte, Gelees und vieles mehr an.

Kurz hinter dem Bauerngut Schiefelbusch gelangt man auf die Rösrather Straße, der man nach rechts für 100 Meter folgt. Anschließend biegt man links ein und folgt dem Pfad für knapp zwei Kilometer durch Wickuhl, Schleheck, bis man schließlich wieder nach Honrath gelangt. Die Alte Honrather Straße führt zurück auf die Rösrather Straße, der man nach rechts folgt. Nach wenigen Metern biegt man erneut nach rechts und gelangt zum Ausgangspunkt der Tour, der Burg Honrath.

Tipp

Auf dem Weg entlang des Gammersbaches überquert man die Kreisstraße, die links nach Oberschönrath führt. Folgt man ihr, kommt man vorbei an der Burg Schönrath. Von dem ehemaligen Rittersitz, der im 13. Jahrhundert erstmalig erwähnt wurde, ist allerdings nur die - nicht minder sehenswerte - Vorburg aus dem 18. Jahrhundert erhalten, der Rest fiel dem Straßenbau zum Opfer. Romantisch in grün wuchernder Tallandschaft an der Quelle eines kleinen Bachs gelegen, fällt an der Einfahrt zur Burg eine große Eibe auf, die mit ihren 250 bis 300 Jahren unter Naturschutz steht. Davon, dass es sich hier einst um eine Wasserburg handelte, zeugt noch der verwunschene und von zahlreichen Amphibien bewohnte Teich, hinter dem man, links von der Vorburg, die üppig bewachsenen Mauerreste der Hauptburg erkennen kann.

Info

🚉	RB 25 bis Honrath/Jexmühle
🅿️	Parkplatz an der Kirche, Peter-Lemmer-Weg
🗺️	Freizeitregion Bergisches Land (kostenlose Freizeitkarte, zu bestellen unter: www.bergisch-hoch-vier.de)
🍴	Gammersbacher Mühle Gammersbacher Mühle 1 53797 Lohmar www.gammersbacher-muehle.de nur Sa./So. geöffnet
🛏️	Bauerngut Schiefelbusch Schiefelbusch 3 53797 Lohmar www.bauerngut-schiefelbusch.de Do.-So. geöffnet Hotel-Restaurant Schloss Auel Haus Auel 1 53797 Lohmar-Wahlscheid www.schlossauel.de täglich geöffnet
ℹ️	Touristikverein Bergischer Rhein-Sieg-Kreis Schiefelbusch 3 53797 Lohmar Tel.: 02205-83554 www.bergisch-hoch-vier.de
✚	Tiergesundheitszentrum für Kleintiere & Pferde Aggertal Hammerwerk 10 53797 Lohmar Tel.: 02206-910410 www.tgz-aggertal.de

entlang bezaubernder Flussläufe – Mystisches und
Praktisches über Heilpflanzen und Kräuter erfahren

Wildkräuter-Rundweg im Naafbachtal

Hundefreundlichkeit: Die Kräuter, die man auf diesem Weg sammeln kann, kommen auch den Tieren zugute, denn die Heilwirkungen entfalten sich bei ihnen in ähnlicher Art und Weise wie beim Menschen. In Fred & Otto unterwegs in Köln gibt es einige Anwendungshinweise. Der Weg ist für Hunde ideal, da er überwiegend durch Wiesen und Wälder (Naturschutzgebiet) führt. Es geht aber auch durch den Ort Seelscheid und über kleine kaum befahrene Straßen, wo man Hunde besser an die Leine nimmt. Am Naafbach gibt es indes tolle Badestellen für Hunde.

↔ 15,5 km
⏱ 4,5 Std.
⇅ 199 m / 99 m

Kategorie:	mittelschwer
Start-Ziel:	Seelscheid, Josef-Lascheid-Platz
GPS:	50°52'26.6"N 7°19'19.2"E
Markierung:	Bergische Streifzüge Nr. 19 (rot-weiß)
Wegecharakteristik:	50 % Wanderweg – 7 % Bergwanderweg – 4 % Weg – 24 % Nebenstraße – 15 % Straße

Der Weg startet auf dem Festplatz im Dorf Seelscheid, das sich in zwei Ortsteile gliedert. Während sich das moderne Seelscheid mit Geschäften wenig attraktiv entlang der B 56 erstreckt, findet man in Berg Seelscheid die beiden Kirchen und viele schöne Fachwerkhaus-Ensembles, zu denen auch der Gasthof Röttgen gehört. Der wiederum ist auch bekannt als Gasthof Aubach aus der beliebten Krimi-Serie „Mord mit Aussicht".

Das Fachwerkhaus-Ambiente rund um den Gasthof, zwischen den beiden Kirchen, bildet die perfekte Kulisse für den Eifelkrimi, in dem Sofie Haas, Dietmar Scheffer und Bärbel Schmied Kriminalfälle lösen.
Am Ehrenmal wartet auch schon die erste Infotafel zum Thema Kräuter auf die Wanderer. Von hier geht es auf die Breite Straße, der man ein kurzes Stück nach links folgt, um gleich vor der Grundschule rechts

TOUR 19

einzubiegen. Hier findet man wieder eine Tafel mit Infos zur Bienenweide - die Tour führt aber in entgegengesetzter Richtung zum eigentlichen Kräuterweg. Bald hält man sich links, um auf die Straße Am Gansberg einzubiegen, die später in die Mahlgasse übergeht. Der folgt man in den Wald, wo sich der malerische **1** Wenigerbach schlängelt und wo es noch Reste einer früheren Burg Seelscheid gibt.

An der ersten Wegkreuzung biegt man rechts ab Richtung Rippert, wo man in die Geheimnisse der Brennessel eingeführt wird.

Danach führt die Tour nach links auf den Rundweg, wobei man nach einiger Zeit die **!** Ripperter Straße überquert und auf einen Feldweg gelangt. Nach 100 Metern gabelt sich der Feldweg. Hier wird die linke Abzweigung genommen, um hinab ins Naafbachtal zu kommen. Auf dem Weg begegnet einem der „Blitzschutz" Wilde Malve, bevor man über eine **2** Holzbrücke den Naafbach überquert, dahinter biegt man nach rechts ab. Hier gibt es Interessantes zu der Zauberpflanze Mistel. Man läuft vorbei an der Ingersauer Mühle, einem idyllischen Weiler an der Grenze zu Lohmar, ein kleines Stück an der Straße entlang, um dann wieder geradeaus in den Wald zu gelangen. Die Mühle, die dem Ort den Namen gab, gehörte zu einer von zehn Mühlen im Naafbachtal.

Idyllisch schlängelt sich der Naafbach durch das Tal

Diese arbeitete als Korn-, Öl- und Sägemühle. Dann kam eine Gastwirtschaft dazu, der Mühlbetrieb wurde Ende der 50er Jahre eingestellt und die Mühle im Rahmen der Planungen für die Naafbachtalsperre 1977 abgerissen. Das Wohnhaus blieb erhalten und steht noch heute hinter vier Linden direkt an der Straße.
Entlang des Naafbachs geht es – auf teilweise matschigen Wegen – weiter zu einer Kreuzung, an der vier Wege aufeinandertreffen. Man nimmt den ersten nach rechts und läuft in einer Spitzkehre bergan Richtung Meisenbach und Mohlscheid. Hier findet man Infos zu „Wanderers Klopapier", dem Hustenstiller Huflattich, und dem schweißtreibenden „Teufelsbaum" Holunder. In **3** Meisenbach folgt man für knapp 50 Meter der Straße Zum Steinenbach Richtung Süden. Auf der Meisenbacher Straße geht es kurz nach links, um dann gleich wieder nach rechts in einen Feldweg abzubiegen. Diesem folgt man bis kurz vor Mohlscheid. In einer Spitzkehre nach rechts folgt man dem Weg weiter in den Wald Richtung Hohn.
An der zweiten Wegkreuzung biegt man scharf nach rechts ab und folgt dem Weg weiter am Waldrand entlang. Man überquert die **!** Dorfstraße nach Hohn (Ingersaueler Straße) und folgt dem Weg weiter am Waldrand. An den nächsten beiden Weggabelungen hält man sich je-

Im Naafbachtal gibt es zahlreiche Kräuter und Heilpflanzen

Die Naafauen bieten ausreichend Platz zum Toben

weils rechts. Nach einem Kilometer erreicht man eine weitere Wegkreuzung, der man nun nach links folgt, um wiederum nach einem Kilometer noch mal scharf links abzubiegen. Kurz vor dem Ort und der Überquerung der Frauenstraße gibt es noch Infos zur heilsamen Kamille. Weiter geradeaus geht es auf der Straße An der Krautbitze, die nach wenigen Metern links herum in die Straße Im Brachfeld führt, der man nach rechts folgt. Stößt man auf die Straße Im Burgfeld, hält man sich links und gelangt nach wenigen Metern rechts in den Erlengrund. Oberhalb der katholischen Kirche St. Georg geht man vorbei und erreicht nach wenigen Metern die Breite Straße, der man nach links, Richtung Osten, folgt. Die nächste Straße, am Ehrenmal, biegt man links ein und erreicht nach wenigen Schritten den Parkplatz.

Tipp

Man kann dem Kräuterweg in beide Richtungen folgen. In dieser Variante läuft man rückwärts.
Wer Fragen zur speziellen Anwendung der einzelnen Heilpflanzen hat, kann sich an Stephanie Schlechter oder eine Mitarbeiterin aus dem Team ihrer Apotheke an der Zeithstraße 109 in Seelscheid wenden. Die Apothekerin hat den Kräuterweg mitentwickelt.

Info

🚌	S 12 bis Siegburg, dann Bus 576 bis Seelscheid, Post
🅿	Parkplatz Am Ehrenmal (Josef-Lascheid-Platz)
🗺	Freizeitregion Bergisches Land (kostenlose Freizeitkarte, zu bestellen unter: www.bergisch-hoch-vier.de)
🍴	Gasthof Röttgen Kirchweg 6 53819 Neunkirchen-Seelscheid Tel.: 02247-6153 Mail: info@gasthof-roettgen.de www.gasthof-roettgen.de täglich geöffnet
🏨	Hotel-Restaurant Caleo Latinum Hauptstraße 39 53819 Neunkirchen-Seelscheid Tel.: 02247-9000420 Mail: info@caleo-latinum.de www.caleo-latinum.de Hunde kosten 7 Euro/Nacht
ℹ	Touristinformation Neunkirchen-Seelscheid Rathaus Hauptstraße 78 53819 Neunkirchen-Seelscheid Tel.: 02247- 303 314 www.nk-se.de
✚	TÄ Dr. Petra Franken Römerstraße 1 53819 Neunkirchen-Seelscheid Tel.: 02247-70050

TOUR
20

Erlebnisweg Sieg – historische Wanderpfade – Münchenberg – weite Felder, Hügel und kleine Weiler

Rund um die Wahnbachtalsperre

Hundefreundlichkeit: Für Vierbeiner ist der Weg genauso eine Herausforderung wie für Zweibeiner. Beide sollten sportlich sein und eine gute Kondition besitzen. Während Hunde auch immer mal wieder an kleinen Bachläufen trinken können, gibt es für ihre Besitzer, außer am Talsperrendamm, eher wenig Gelegenheit, sich unterwegs mit Getränken zu versorgen, da hier Natur pur angesagt ist. Mit einem gut gefüllten Rucksack ist dieser Weg aber ein tolles Abenteuer. Er führt immer durch Wasserschutz- und abwechselnd durch Landschafts- und Naturschutzgebiete.

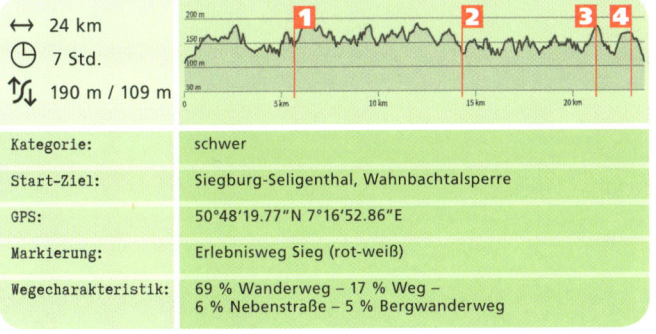

↔ 24 km
⏲ 7 Std.
↕ 190 m / 109 m

Kategorie:	schwer
Start-Ziel:	Siegburg-Seligenthal, Wahnbachtalsperre
GPS:	50°48'19.77"N 7°16'52.86"E
Markierung:	Erlebnisweg Sieg (rot-weiß)
Wegecharakteristik:	69 % Wanderweg – 17 % Weg – 6 % Nebenstraße – 5 % Bergwanderweg

Die Tour startet am Parkplatz des 52,5 Meter hohen Staudamms, am Ortsrand Seligenthal, in der Talsperenstraße. Man läuft bis zum Staudamm und dann recht herum auf der Staumauer entlang. Hat man diese passiert, führt der Weg links in Serpentinen steil den Berg hinauf. Selbstverständlich ist es nicht, dass man rund um das Trinkwasserreservoir laufen kann. Denn damit das „Wasser mit Premiumqualität" auch so hochwertig bleibt, war es seit der Fertigstellung der Talsperre im April 1958 nicht möglich, sie zu umrunden. Das Terrain galt als Wasserschutzgebiet und war nicht zugänglich. In Abstimmung mit dem Wahnbachtalsperrenverband, dem Landschaftsbeirat, der Wasserbehörde und den beteiligten Kommunen Siegburg und Neun-

kirchen-Seelscheid wurde im Rahmen des Projektes Natursteig Sieg eine Strecke konzipiert, die 2012 eröffnet wurde.

Bevor die Wahnbachtalsperre gebaut wurde, befanden sich in diesem Tal die Lüttersmühle, das Gasthaus Wahntaler Schweiz und die zwei landwirtschaftlichen Anwesen Hillenbach und Petershof, deren Bewohner umgesiedelt werden mussten. Der Waldpfad führt an Bäumen und Wiesen unterhalb von Happerschoss vorbei. Bergab folgt man dem Weg wieder links in den Wald, wo man in ein Bachtal unterhalb von Heisterschoß wandert. Man überquert den 1 Füllenbach und gelangt bergauf ins malerische Fachwerkdorf Pinn, wobei man der Pinner Straße nach links folgt. Hat man den Ort hinter sich gelassen, kann man, geradeaus weiterlaufend, noch einen Abstecher auf den ◉ Münchenberg machen, der 171 Meter hoch ist und als Spitze in den Stausee hineinragt.

Verwaltet wird der Stausee vom Wahnbachtalsperrenband, der seinen Sitz unweit des Startpunktes mitten im Kaldauer Wald in Siegelsknippen hat. In der dortigen Aufbereitungsanlage wird das Wasser mit nur geringem Zusatz von chemischen Mitteln produziert. Zum jährlich veranstalteten Tag der offenen Tür kommen daher immer auch Vertreter ausländischer Wasserversorgungsunternehmen, um eine der modernsten

Von den Relaxliegen zwischen Remschoß und Wolperath schaut man fast auf das gesamte Wasserreservoir

Idyllisch hinter den Feldern erblickt man Gut Umschoß

Trinkwasseraufbereitungsanlagen der Welt kennen zu lernen. Naturnahe Pfade weisen den Weg weiter talwärts und man passiert schließlich zwischen Remschoß und Wolperath eine Hütte mit hölzernen Relaxliegen, die nicht nur zur Rast einladen, sondern auch einen fantastischen Ausblick über den Stausee bis hin zur Staumauer bieten. Das Hauptwassergewinnungsgebiet liegt zwischen Wiehl-Drabenderhöhe im Nordosten, Hennef/Much im Südosten sowie Siegburg/Seelscheid im Nordwesten. Sie wird überwiegend durch den Wahnbach mit seinen Zuläufen wie etwa dem Wendbach gespeist. Vom Aussichtspunkt aus marschiert man durch den Wald auf Wolperath zu.

Bald kann man das Vorbecken der Talsperre erkennen, das durch ein Absperrbauwerk mit Dämmen abgetrennt ist. Hier am Einlauf des Wahnbaches, befand sich einst die Gaststätte Herkenrather Mühle. Das Gebäude wurde durch den Wahnbachtalsperrenverband (WTV) über mehrere Jahre als Versuchsanlage für die Phosphor-Eliminierungsanlage genutzt. Die klärt das Wasser für das Hauptbecken vor. Durch intensive landwirtschaftliche Düngung entstand nämlich eine Massenentwicklung von Algen. Durch die Vorbehandlung, bei der die Phosphorverbindungen reduziert, die mineralischen Trübstoffe und organischen Verbindungen entfernt werden, wird den Algen die Lebensgrundlage entzogen und die im Stausee produzierte Biomasse reduziert.

Nach dem Überqueren des **2** nördlichen Talsperrenausläufers hat man die Hälfte bereits geschafft und macht sich nun auf der Westseite des Stausees auf den Rückweg. Teilweise auf Trailpfaden windet sich der Weg um die zahlreichen Zuflüsse und quert häufig enge Kerbtäler. So muss man aufpassen, dass man den richtigen Weg nicht verliert und versehentlich auf einen gelangt, der hoch in die darüber liegenden Dörfer Pohlhausen, Straßen, Wahn, Hochhausen oder Braschoss führt. In dem schließlich tiefer liegenden **3** Schneffelrath allerdings verlässt der Talsperrenweg den Uferbereich. Nach der Querung des Derenbachtals führt eine kleine Straße durch eine Nussbaum-Allee Richtung **4** Gut Umschoß. Unterhalb davon bietet sich über eine alte Obstwiese ein letzter schöner Blick auf die Talsperre. Von dort geht es zurück zum Ausgangspunkt.

Tipp

Wem die Tour zu weit ist, der kann von Wolperath aus nach Neunkirchen laufen. Dort gibt es nicht nur jede Menge Einkehrmöglichkeiten, sondern von dort aus kann man auch mit dem Bus wieder zurück nach Siegburg fahren. Alternativ übernachtet man hier und läuft am nächsten Tag weiter.

Info

🚋	DB oder S-Bahn bis Siegburg oder Hennef, dann weiter mit Bus 510 bis Seligenthal
🅿	Parkplatz an der Wahnbachtalsperre
🗺	Wanderkarte Erlebniswege Sieg Wanderkarte Naturpark Bergisches Land: Morsbach, Much, Nümbrecht, Reichshof, Ruppichteroth, Waldbröl, Wiehl
🍴	Restaurant Zur Talsperre Braschosser Straße 55 53721 Siegburg Tel.: 02241-383988 Di. Ruhetag Gaststätte Zum Pütz Jupp Hennefer Straße 20 53819 Neunkirchen-Seelscheid www.puetz-jupp.de täglich geöffnet
🛏	Hotel-Restaurant Caleo Latinum Hauptstraße 39 53819 Neunkirchen-Seelscheid www.caleo-latinum.de Hunde kosten 7 Euro/Nacht
ℹ	Tourist-Info Rhein-Sieg-Kreis Kaiser-Wilhelm-Platz 1 53721 Siegburg Tel.: 02241-130 www.rhein-sieg-kreis.de
✚	Tierärztliche Praxis für Kleintiere Dickstraße 57 53773 Hennef (Sieg) Tel.: 02242-82434 www.tierarztwirth.de.tl

Rennenburg – Wendelinuskapelle – Winterscheider Mühle – Derenbachtal

Auf dem Holzweg nach Winterscheid

Hundefreundlichkeit: Der Weg führt überwiegend durch ein intaktes Ökosystem Wald. Daher sollte man Hunde mit ausgeprägtem Jagdtrieb an die Leine nehmen. Für sie ist es in jedem Fall spannend, denn hier haben ihre Nasen einiges zu erschnüffeln. An den Bachläufen können die Fellnasen trinken oder baden.

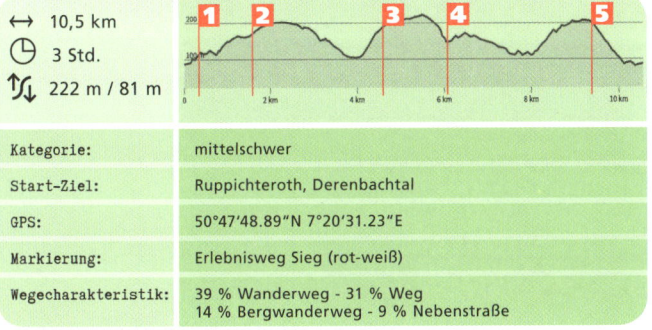

- ↔ 10,5 km
- ⏴ 3 Std.
- ↑↓ 222 m / 81 m

Kategorie:	mittelschwer
Start-Ziel:	Ruppichteroth, Derenbachtal
GPS:	50°47'48.89"N 7°20'31.23"E
Markierung:	Erlebnisweg Sieg (rot-weiß)
Wegecharakteristik:	39 % Wanderweg - 31 % Weg 14 % Bergwanderweg - 9 % Nebenstraße

Vom Wanderparkplatz am Derenbachtal geht es los. Man folgt für ein kurzes Stück dem Pfad nach Norden hoch in den Wald. Nach weniger als 50 Metern läuft man einen scharfen Knick nach links, um einen Abstecher zur **1** Rennenburg (9./10. Jahrhundert) zu machen. Die frühmittelalterliche Ringwallanlage liegt auf einem 153 Meter hohen Bergsporn, der ein Nebengipfel des 360 Meter entfernten und 164 Meter hohen Rennenbergs ist. Unterhalb mündet der Derenbach in die Bröl. Der Platz wurde mindestens seit der späten vorrömischen Eisenzeit zur Zeit der Sugambrer bis zum Mittelalter genutzt. Fliehburgen sollten die Bevölkerung vor Bedrohungen in Kriegszeiten schützen. Von dort geht es zurück auf den Weg über den Rennenberg hinauf nach Schreckenberg. Dabei kommt man an einer Wegekreuzung vorbei am **2** Rennenbergkreuz. Das hölzerne Wegekreuz stammt aus dem 18. Jahrhundert und steht an der Stelle, wo der Weg aus dem Derenbachtal auf den Höhenweg trifft. Winterscheid war früher, als die

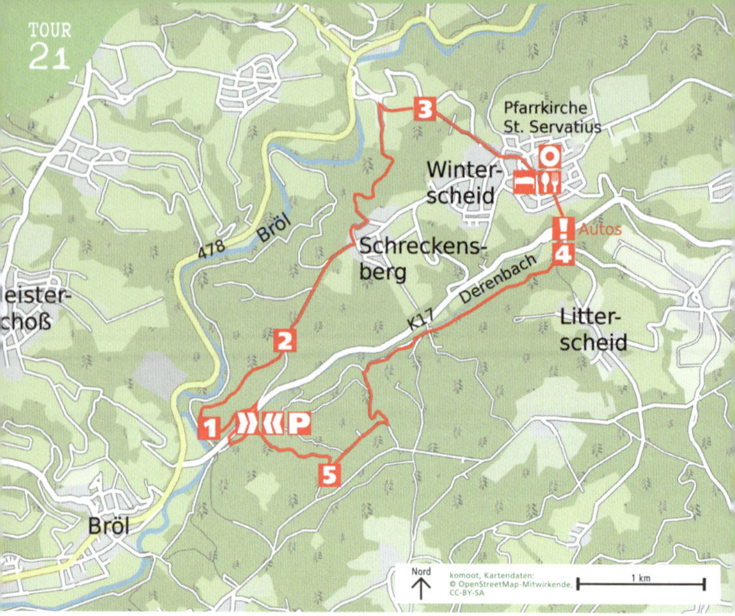

TOUR 21

Zu bestaunende Rosen in Winterscheid

Flusstäler noch versumpft waren, von Hennef aus nur über den aufsteigenden Pfad zum Rennenberg zu erreichen. Eine Legende erzählt von einem Jäger, der kein Jagdglück hatte. Er hatte sich hier niedergelassen, als ein verirrtes Reh über den Pfad sprang. Er legte darauf an und hatte wieder kein Glück, worüber er in fürchterliche Wut geriet und auf das Kreuzbild zielte. Der Schuss fiel, der Jäger fluchte, doch unversehrt stand das Kreuz da. Noch einmal zielte der Jäger auf das Kreuz, der Schuss krachte und vom Schlag getroffen lag der Frevler tot da. Seitdem hört der nächtens über die Höhen des Rennenbergs ziehende Wanderer manches Mal ein tolles Jagen im Wald, denn der wilde Jäger findet im Grabe keine Ruhe.

Auf der Höhe in Schreckenberg folgt man der Markierung zweimal nach links, um in einem langen Bogen ins Bröltal zu gelangen. Schließlich kommt man nach Winterscheiderbröl, wo man an der ersten Möglichkeit scharf nach rechts abbiegt und dem Weg wieder bergan Richtung Winterscheid folgt. Hier passiert man am Ortsrand zunächst die **3** Wendelinuskapelle, ein Bruchsteinbau aus dem 19. Jahrhundert, dessen Vorgängerbau, privat von vom Bildschnitzer Peter Richarz (1743–1816) errichtet, schnell zum Pilgerziel der örtlichen Landbevölkerung wurde. Dafür war das Kapellchen jedoch zu klein und wurde ersetzt.

Oben angekommen, geht es ein kleines Stück entlang der Hauptstraße, vorbei am Dorfweiher ins Zentrum von Winterscheid, das sich um die romanische **⦿** Pfarrkirche St. Servatius gruppiert, ihr Turm stammt noch aus dem 12. Jahrhundert.

Kurz vor der Kirche biegt man vor dem Restaurant Zur Krone nach rechts in die Mühlengasse ab, Richtung Tal. Man läuft steil bergab, um schließlich erneut die **❗** Straße im Derenbachtal zu überqueren. Dabei kommt man vorbei an der **4** Winterscheidermühle. Das leerstehende Gebäudeensemble beherbergte bis vor wenigen Jahren ein

Werbung

Im Wald oberhalb des Derenbachtals laden Bänke zur Rast ein

weithin bekanntes Hotel und Restaurant mit einem kleinen Wildpark und wartet nach einem Brand auf einen neuen Betreiber. Im Zweiten Weltkrieg aus einer kleinen wasserbetriebenen Fruchtmühle hervorgegangen, wurde das älteste Haus 1837 errichtet.

Nach Überquerung des Derenbachs, der ein knapp acht Kilometer langer Zufluss der Bröl ist, folgt man dem Weg nach 200 Metern nach rechts. Jetzt geht es eine ganze Zeit durch den nachhaltig bewirtschafteten Wald bis zu einer T-Kreuzung (dritte Abzweigung), wo man dem schmalen Pfad nach links wieder bergan folgt. Nach einer scharfen Rechts- und Linkskurve biegt man schließlich nach rechts ab und läuft am dritten 5 Abzweig wieder scharf nach rechts. Dort geht es steil hinab ins Derenbachtal, wo man über den Bachlauf auf die Straße gelangt. Der folgt man ein kleines Stück nach rechts, um wieder zum Wanderparkplatz zu gelangen.

Tipp

Vom Bröltal aus kann man einen Abstecher zur Teufelskiste, einer alten, heidnischen Kultstätte, machen. Diese liegt auf der anderen Seite der Bröltalstraße am Nordhang des Bröltals rund 800 Meter südwestlich von Beiert. Abseits der Waldwege nahe einem Felsvorsprung liegt ein 20 Tonnen schwerer Schieferfels, rund fünf Meter lang, bis zu 2,50 breit und 1,20 Meter hoch. Seine Herkunft ist ungeklärt, denn er kann nicht aus dem Fels herausgewittert sein, da er ein anderes Gestein hat. Um den Gesteinsblock ranken sich daher zahlreiche Sagen. Nach dem Volksmund kam er nach einem Kampf der Siedler gegen den Satanssohn, der sich mit seinen Gesellen gegen Gottes Willen im Bröltal niedergelassen hatte, an diesen Platz. Die Bauern aus einem großen Umkreis erklärten dem Teufel den Krieg und zogen in die Schlacht auf die Beierter Höhe. Mit Hilfe des Erzengels Michael legten sie den teuflischen Widersacher in Eisen. Man schmiedete ihn in einem am Hang gegrabenen Loch fest und wälzte einen großen Stein, die Teufelskiste, darüber. Wenn sich die Leute in Beiert streiten, poltert der Teufel unter dem Stein.

Info

- S 12 bis Hennef, dann Bus 531 bis Derenbachtal
- Wanderparkplatz an der K17 im Derenbachtal
- Wanderkarte Erlebnisweg Sieg
- Hotel Restaurant Krone
  Hauptstraße 25
  53809 Ruppichteroth
  www.zur-winterscheid.de
  spezielle Angebote für Wandergruppen
- Hotel Restaurant Zur Post
  Hauptstraße 29
  53809 Ruppichteroth
  www.zurpost-winterscheid.de
  besondere Arrangements für Wanderfreunde
- Gemeinde Ruppichteroth
  Rathausstraße 18
  53809 Ruppichteroth
  Tel.: 02295-490
  www.ruppichteroth.de
- TÄ Dr. Monika Lübbke
  Dahlerhofer Straße 107
  53819 Neunkirchen-Seelscheid
  Tel.: 02247-2341

Natursteig Sieg – verschlungene Wege – tolle Ausblicke ins Siegland

Unterwegs zur Burg Blankenberg

Hundefreundlichkeit: Hunde dürfen mit in die Burgruine, sie müssen jedoch an der Leine geführt werden. Nicht erlaubt hingegen ist der Besuch mit Hunden im Heimatmuseum, das sich im Katharinenturm befindet. Auf dem Weg durch den durch den Wald können sie laufen und an kleinen Bächen ihren Durst löschen. In den Lokalen sind Hunde willkommen.

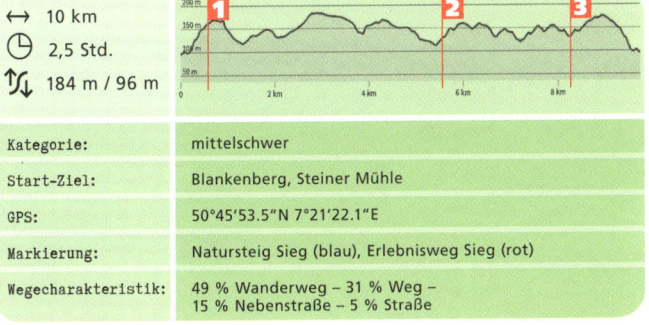

↔ 10 km
⏲ 2,5 Std.
↕ 184 m / 96 m

Kategorie:	mittelschwer
Start-Ziel:	Blankenberg, Steiner Mühle
GPS:	50°45′53.5″N 7°21′22.1″E
Markierung:	Natursteig Sieg (blau), Erlebnisweg Sieg (rot)
Wegecharakteristik:	49 % Wanderweg – 31 % Weg – 15 % Nebenstraße – 5 % Straße

Vom Parkplatz Steiner Mühle folgt man kurz der Straße Richtung Burg, um dann nach links auf den Fernwanderweg einzubiegen. Dieser führt bergan bis zum Ortseingang von Blankenberg. Dort läuft man in die Stadt, vorbei am ❶ Panorama-Café Krey, und biegt dahinter rechts ein (Im Früngt), um ins Ahrenbachtal zu gelangen. Nach etwas mehr als anderthalb Kilometern stößt man dort auf eine kleine Straße, der man nach links hinauf nach Attenberg folgt. Dabei überquert man die ⚠ Eitorfer Straße. Nach etwa 500 Metern biegt man rechts ab auf einen Weg. Der führt hinab ins Siegtal nach Bülgenauel. Am Ortsrand hält man sich links, überquert den ❷ Katzbach, um anschließend noch einmal links abzubiegen. Man läuft nun knapp anderthalb Kilometer in Richtung Blankenberg. Der Weg führt weiter bis fast zur Siegener Straße. Kurz vor der Ankunft dort biegt man links in den Wald ein und gelangt auf einem kleinen Pfad steil in Serpentinen bergauf.

An einem Wegekreuz hat man einen fantastischen Blick auf die Siegschleife und geht vorbei an den frü-

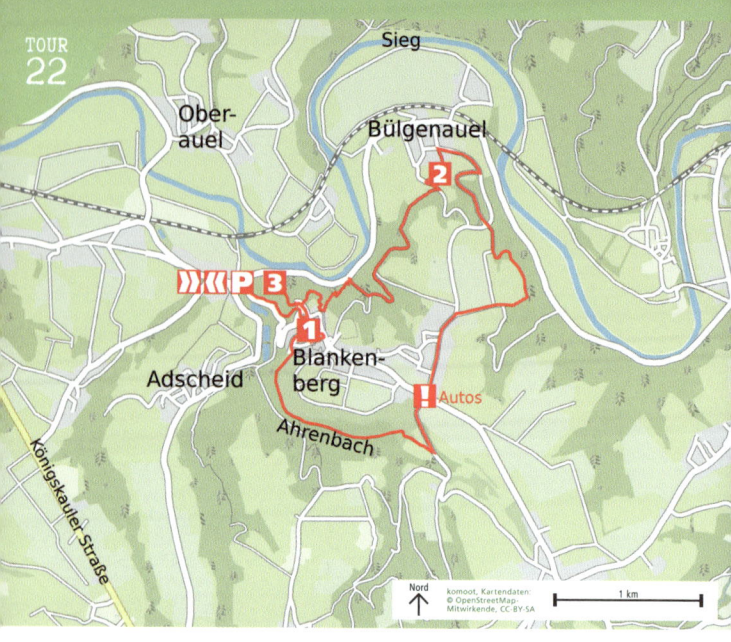

heren Weinbergtrassen, mit denen der Burgberg bis etwa 1907 umgeben war. Davon zeugen noch heute die Trockenmauern. Oben angelangt, hält man sich Richtung Westen, um auf dem Weg dorthin Mauerreste auf ein weites Feld zu gelangen. Auf dieser Fläche stand einst die Altstadt, deren Häuser im 17. Jahrhundert nach dem Niedergang der Burg verfielen. In einem Bogen, der nach Norden wieder einen wunderbaren Ausblick auf die Sieglandschaft bietet, hält man sich wieder rechts, um zur **3** Burgruine Blankenberg zu gelangen.

Die Infotafel am Parkplatz hält eine Übersichtskarte bereit. Dort erfährt man auch etwas über die Öffnungszeiten, nämlich: April bis September dienstags bis sonntags von 10 bis 18 Uhr (im März und Oktober eine witterungsbedingte Öffnung). Man geht durch das Tor Richtung Burg, vorbei an einer Obstbaumwiese zur Linken. Die Burgruine darf man nur mit angeleinten Hunden betreten. Dort wartet ein Modell der früheren Anlage auf die Besucher. Während sich vom Burggarten wieder fantastische Ausblicke bis zum Michaelsberg in Siegburg auftun, kann man auch mitsamt Hund auf den Bergfried klettern.

Die Burg Blankenberg entstand in der Zeit um 1180. Ihr Name bezieht sich auf den nicht bewaldeten, blanken Bergsporn, der 80 Me-

Wie eine Spielzeuglandschaft wirkt das Siegtal vom Burggelände aus

Cafés, Weinlokale und Restaurants laden zum Verweilen ein

ter über der Sieg aufragt. Diesen Ort in Sichtweite der Abtei Siegburg, der im Osten von einem Siefen, im Norden vom Siegtal und im Süden vom Ahrenbachtal begrenzt ist, gefiel den Grafen von Sayn besonders für den Bau einer Burg mit Wehrfunktion. Im 13. und 14. Jahrhundert kam es zu einem systematischen Ausbau der Burg, wobei die Vorburg entstand. Sie wird heute noch „alte Stadt" genannt. Im Dreißigjährigen Krieg wurde sie so stark beschädigt, dass sie im 17. Jahrhundert als Steinbruch genutzt wurde. Heute ist die inzwischen umfangreich restaurierte Burg im Besitz der Stadt Hennef.

Zurück geht es zum Parkplatz vor der Burg, um wieder in die „Neustadt" mit ihren Fachwerkhäusern und den umfassenden Stadtmauern zu gelangen. Insbesondere auf dem Hauptweg durch die Stadt und am kastanienbestandenen Platz warten diverse Cafés, Weinlokale und Restaurants. Läuft man hinter der Kirche entlang, gelangt man wiederum an das andere Ende der Stadtmauer, von wo auch ein Weg zum Katharinenturm mit Heimatmuseum führt.

Info

H	S 12 nach Blankenberg
P	Parkplatz Steiner Mühle im Tal
🗺	Wanderkarte Natursteig Sieg: Siegburg, Windeck-Au
🍴	Panoramacafé Krey Mechtildisstraße 3 53773 Hennef www.panoramacafe-krey.de Mo. Ruhetag Weincafé Alt Blankenberg Markt 23 53773 Hennef www.alt-blankenberg.de täglich geöffnet
🛏	Hotel Haus Sonnenschein Mechtildisstraße 16 53773 Hennef www.hotel-haus-sonnenschein.de Mo.-So. ab 7 Uhr, Frühstücksbüffet 7 bis 10 Uhr
i	Tourist-Service im Historischen Rathaus Frankfurter Straße 97 53773 Hennef Tel.: 02242-19433 www.tourismus-hennef.de
✚	TÄ Inge Jonas In der Dränk 21 53773 Hennef Tel.: 0178-737878

Tipp

Ein historischer Flecken wie Blankenberg eignet sich natürlich hervorragend für Feste. In Erinnerung an den früheren Weinbau rund um Burg und Stadt gibt es alle zwei Jahre im September ein Weinfest, das fast schon ein Geheimtipp ist. Und in der Vorweihnachtszeit gibt es den mittelalterlichen Markt, der wohl nirgendwo schöner sein kann. Stadtrundgänge werden in den Monaten April bis Oktober an jedem ersten Sonntag im Monat und zu individuellen Terminen angeboten. Mehr Informationen erhält man beim Tourist-Service in Hennef. Dort erfährt man auch alles über die beliebten Nachtwächterführungen, die sowohl für Erwachsene wie auch für Kinder angeboten werden.

TOUR
23

Siegtal – Siegwasserfall – wunderschöne Landschaften
– Heimatmuseum Windeck

Entlang der Sieg zur Burgruine Windeck

Hundefreundlichkeit: Durch Wald und Flur geht es zum Teil entlang der Sieg, mit meist flachem Zugang – hier können Vierbeiner nach Herzenslust baden und trinken. Hunde sind auf der Burgruine Windeck ebenso willkommen wie im Heimatmuseum und haben unterwegs jede Menge zu entdecken. Im Mühlencafé, auf dem Weg zur Burgruine Windeck, werden sie sogar bevorzugt bedient.

↔ 11 km
⏱ 2,5 Std.
↕ 206 m / 110 m

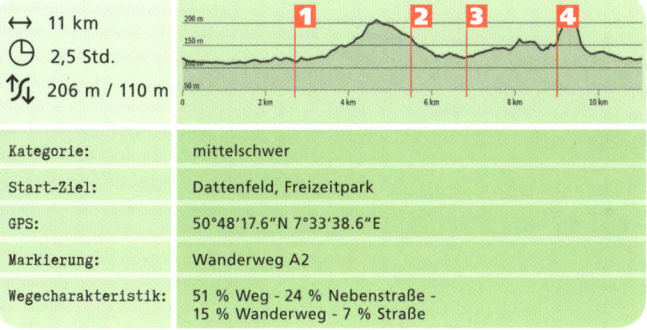

Kategorie:	mittelschwer
Start-Ziel:	Dattenfeld, Freizeitpark
GPS:	50°48'17.6"N 7°33'38.6"E
Markierung:	Wanderweg A2
Wegecharakteristik:	51 % Weg - 24 % Nebenstraße - 15 % Wanderweg - 7 % Straße

Die Tour startet auf dem Parkplatz vom Freizeitpark in Dattenfeld. Von hier aus durchquert man den Park in Richtung Westen bis man zur Hauptstraße gelangt. Dieser folgt man ein kurzes Stück links, um an der nächsten Möglichkeit rechts abzubiegen. Eine Brücke führt über die Sieg, der man allerdings nicht folgt, sondern geht hinunter zum Siegufer nach links. Dort kann man auch Tretboote mieten. Man folgt dem Flusslauf eine ganze Zeit bis man zur **1** Siegschleife bei Dreisel kommt. Dort gelangt man auf die Dattenfelder Straße, auf der man die Sieg überquert. Direkt dahinter biegt man nach links ab und läuft wieder entlang des Flusslaufes. Der Weg schlängelt sich schließlich hoch in den Wald vom Fluss weg.

Man folgt dem Weg über die Höhen und gelangt nach Mauel, wo man sich links hält. Man biegt jedoch nicht gleich in die erste Straße (Wasserburg) ein, denn diese ist eine Sackgasse. Nehmen Sie die zweite Abbiegung nach links auf die Preschlin-Allee. Dabei kommen Sie am Hotel Wilmeroth vorbei. Direkt da-

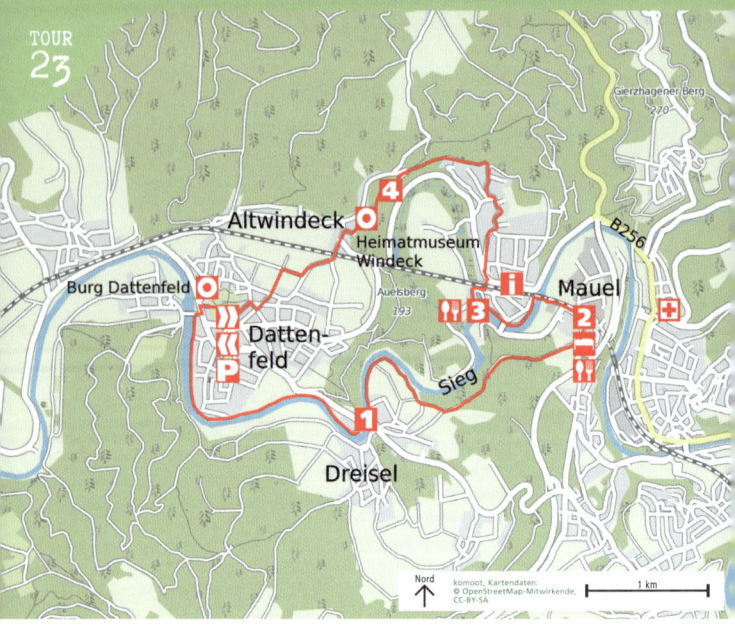

hinter befindet sich links die
2 Burg Mauel, in der Hunde willkommen sind. Erstmalig wurde die Wasserburg in der zweiten Hälfte des 16. Jahrhunderts erwähnt und beherbergt heute ein Weinlokal und einen Biergarten.
Weiter geht es entlang der Bahnlinie, die über die Sieg führt. Der Fußweg verläuft direkt unterhalb und ist ein wenig schwindelerregend. Direkt danach hält man sich links. Man läuft wieder entlang des Flusslaufs bis man zum **3** Siegwasserfall gelangt. Er ist einer der größten in Nordrhein-Westfalen und entstand im Zuge des Baus der Eisenbahnlinie Köln-Gießen in den Jahren 1857 und 1858. Dabei wurden die Schleifen der Sieg für den Bau eines Eisenbahntunnels begradigt und Stücke des Bergs weggesprengt. Um das neu entstandene Gefälle auszugleichen, wurde der Wasserfall angelegt, der sich auf einer Breite von 84 Metern in mehreren Stufen über vier Meter ergießt.
Oberhalb davon sollte man unbedingt in die Biergarten-Lounge Elmores in der ehemaligen Versandhalle der gleichnamigen alten Fabrik einkehren. 1894 siedelte sich die englische Rohrfabrik am Siegwasserfall an. Sie nutzte nicht nur die Wasserkraft, sondern auch den direkten Bahnanschluss. 1995 wurde sie geschlossen und ab 2004 zum Bürger- und Kulturzentrum Kabelmetal um-

Die Burg Mauel bietet sich zur Einkehr an

gebaut. Weiter geht es zum Bahnhof Schladern, wo man die Schienen unterquert. Dann läuft man nach links ein kleines Stück an der Waldbröler Straße entlang und biegt dann rechts ein. Bergan läuft man auf einer kleinen Nebenstraße vorbei an der Kirche bis zum Waldrand. Oberhalb der letzten Häuser geht die Burg-Windeck-Straße in den Fußweg über, hoch zur 4 Burgruine Alt-Windeck. Man kommt vorbei am Mühlencafé, wo es leckeren Kuchen gibt.
Die über 800 Jahre alte und 210 Meter hoch gelegene Burgruine ist das Wahrzeichen von Windeck im Siegtal und frei zu besichtigen. Bei guter Fernsicht kann man bis in den Westerwald und das Sieg-Bergland

Die Burgrune Alt-Windeck

Fachwerkhäuser scharen sich rund um die Burg Mauel

Auch Kormorane finden am Siegwasserfall ein Eldorado

schauen. Die ehemals imposante Burganlage wurde 1174 zum ersten Mal erwähnt und diente als Grenzfeste der Grafen von Berg gegen die Grafen von Sayn. Nach Zerstörungen im Dreißigjährigen Krieg und endgültig 1860 durch die Franzosen wurde sie nicht wieder aufgebaut. Im 19. Jahrhundert errichtete der preußische Landrat Oscar Danziger zu ihren Füßen seinen Wohnsitz, Schloss Windeck, genannt. Das wiederum wurde nach Zerstörungen 1945 in den 50er bis 60er Jahren abgerissen.

Dort, wo einst das Schloss gestanden hat, läuft man hinunter in den Wald. Fast unten angekommen, folgt man rechts den Hinweisen zum 🔴 Heimatmuseum Altwindeck, das zu einem Besuch einlädt. An der anderen Seite kommt man aus dem Heimatmuseumsgelände wieder hinaus und läuft entlang der Dorfstraße Richtung Süden wieder zurück zum Ausgangspunkt nach Dattenfeld. Dabei überquert man die Schienen und folgt der Windecker Straße bis zur Kreuzung Windecker Straße/Am Burgtor. Um den Ausgangspunkt der Tour zu erreichen, biegt man hier rechts und danach gleich wieder links ab. Der zweitgrößte Ort der Gemeinde ist über die Ortsgrenzen hinaus bekannt für seine mächtige Pfarrkirche St. Laurentius mit ihren einzigartigen Doppeltürmen, auch Siegtaldom genannt. In unmittelbarer Nähe befindet sich auch die 🔴 Burg Dattenfeld, die ursprünglich ein feudales Pfarrhaus war.

Tipp

Im Heimatmuseum Windeck wird im alten Schulgebäude sowie in zwei Fachwerkhäusern, einer Scheune und zwei Mühlen die Vergangenheit wieder lebendig. Im Vordergrund steht dabei das Leben der einfachen Leute auf dem Lande. Es wurde 1964 von den Heimatforschern Emil Hundhausen und Bruno Althoff gegründet. An Aktionstagen können Backes, Mühle und altes Handwerk erlebt werden. Ein besonderes Ereignis ist jeweils am 3. Oktober der Burg- und Handwerkermarkt.

Info

🚉	RB oder S 12 bis Bahnhof Schladern, dann Bus 579 oder ausgewiesener Fußweg
🅿️	Parkplatz am Freizeitpark Dattenfeld
🗺️	Wanderkarte Natursteig Sieg: Siegburg - Windeck-Au
🍴	Elmores Biergarten-Lounge Schönecker Weg 5 51570 Windeck-Schladern www.elmores.de April-Oktober geöffnet Burg Mauel Wein- und Bierstube Preschlin-Allee 25 51570 Windeck-Mauel www.burg-mauel.de Mo. Ruhetag
🛏️	Hotel Willmeroth Preschlin-Allee 11 51570 Windeck-Mauel www.gasthof-willmeroth.de Mi. Ruhetag
ℹ️	Tourismusbüro Schladern Waldbröler Straße 3 51570 Windeck-Schladern Tel.: 02292-9290831 www.windecker-laendchen.com Förderverein Heimatmuseum Altwindeck e.V. Am Moosstein 6 51570 Windeck-Dattenfeld www.heimatmuseum-windeck.de
➕	Tierärztliche Praxis Christina von Bülow Langenberger Straße 2 51570 Windeck Tel.: 02292-5051 www.tierarztpraxis-windeck.de

Vorgebirge
Eifel
Siebengebirge
Westerwald

Naturpark Rheinland – Wälder, Flüsse, Seen, hügelige Vulkane – romantische Pferdekoppeln – renaturiertes Braunkohletageabbaugebiet – Jakobsweg

Pilgern nach Phantasialand

Hundefreundlichkeit: Der Naturpark Rheinland ist ein beliebtes Ziel für Hundebesitzer. In den Seen können die Hunde schwimmen, an den Bächen ihren Durst löschen. Und auch im Freizeitpark Phantasialand und den Restaurants sind Hunde gern gesehene Gäste. Auf sie warten an vielen Stellen Wassernäpfe. Lediglich auf die Attraktionen und in die Shows dürfen sie nicht mit.

↔ 8,3 km
⏲ 2,5 Std.
↕ 157 m / 109 m

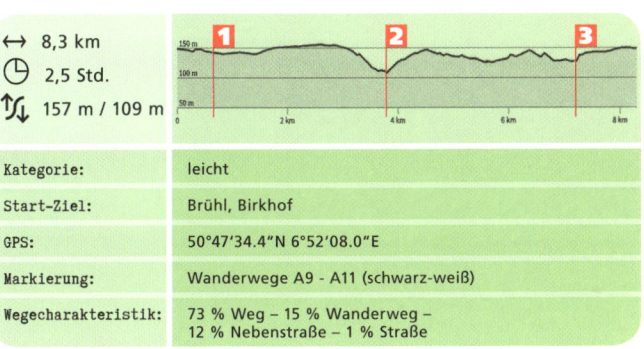

Kategorie:	leicht
Start-Ziel:	Brühl, Birkhof
GPS:	50°47′34.4″N 6°52′08.0″E
Markierung:	Wanderwege A9 - A11 (schwarz-weiß)
Wegecharakteristik:	73 % Weg – 15 % Wanderweg – 12 % Nebenstraße – 1 % Straße

Los geht es am Parkplatz Birkhof. Der Gutshof ist Sitz des gleichnamigen Reit- und Fahrvereins und stammt aus der Mitte des 19. Jahrhunderts. Um 1900 wurde auf dem Ackerland rundum die Braunkohle abgebaut, daran erinnert noch der 16,8 Kilometer lange Klüttenweg, der am Birkhof startet. Später wurde das ehemalige Kohlerevier mit Wald aufgeforstet. Nach dem zweiten Weltkrieg waren im Gutshof eine Jugendherberge, ein Schießstand und eine Stuhlfabrik untergebracht. Die Gebäude verfielen, bis 1967 der Reit- und Fahrverein gegründet wurde, der das Gelände pachtete und sie wieder aufbaute. Heute gehören zum Birkhof neben dem klassizistischen Herrenhaus mit Turm, Stallungen zwei Reithallen, ein Reiterstübchen sowie ein Restaurant.

Vom Parkplatz folgt man dem Weg nach Norden und gelangt nach bereits 300 Metern – an der neogotischen Kapelle aus dem Jahr 1912 vorbei – auf dem Klüttenweg (A11) zum Lucretiaweiher. Zusammen mit dem benachbarten **1** Berggeistsee, zu dessen Ufern der Klüttenweg weiter-

führt, ist er aus dem Braunkohletagebau in den 1930er Jahren entstanden. Am Berggeistsee vorbei geht es geradeaus auf dem Klüttenweg weiter in den Wald. Dieses Stück des Wegs ist gleichzeitig der Römerkanalwanderweg. Danach nimmt man die zweite Abzweigung nach links und läuft vorbei an Pferdekoppeln. Nach einem Kilometer hält man sich an einer Wegkreuzung erneut links. Von hier hat man einen Blick auf Walberberg, ein Stadtteil von Bornheim. Anschließend geht es bergab in leichtem Zickzackkurs zum 2 Holzbach, dessen Verlauf man nach links bis zum Berggeistsee folgt.

An seinem Ufer entlang führt der Weg über eine Brücke über die Autobahn zum 3 Phantasialand, dem ersten Freizeitpark Europas, der zu den fünfzehn besucherstärksten überhaupt gehört. 1967 in der ehemaligen Braunkohlegrube Berggeist von Gottlieb Löffelhardt und Richard Schmidt eröffnet, befindet sich der zehn Hektar umfassende Park auf einem etwa 28 Hektar großen Gelände. Ursprung war der Märchenpark rund um einen See, mit dem Schmidt seine Fernsehpuppen der Öffentlichkeit zugänglich machen wollte.

Dazu gab es Attraktionen wie eine Oldtimerbahn, ein Western-Express und ein Hawaii-Restaurant. Seither ist der Park stetig gewachsen, der Märchenwald wurde 2007 abgerissen, um neuen Attraktionen Platz zu machen. In der Saison, die am 1. April startet, kann man Hunde an der Leine mit

Die Seen in der Ville entstanden in der Zeit des Braunkohleabbaus

hinein nehmen, sie dürfen nur nicht in die Shows oder in die Attraktionen. Außerhalb der Saison hat der Park teilweise geöffnet. Dann bietet sich trotzdem ein Besuch in den Restaurants dort an.

Nach dem Besuch des Phantasialands geht es ein kurzes Stück über die Berggeiststraße bis zu Phantasialandstraße, wo man kurz links einbiegt, um dann wieder rechts in einen Weg abzuweigen. Der Weg führt nun für knapp zwei Kilometer vorbei am **3** Stiefelweiher, unter der Autobahn her und über die Landstraße zurück zum Ausgangspunkt: dem Parkplatz am Birkhof.

Tipp

Wer Lust hat, kann einen Abstecher nach Walberberg machen. Dort gibt es einen Hexenturm aus dem 13. Jahrhundert sowie die Römische Wasserleitung zu besichtigen. Auch die Rheindorfer Burg, in der das ehemalige Kloster Walberberg untergebracht war, und die Kitzburg finden sich hier. Sie sind jedoch alle in Privatbesitz und nur von außen zu besichtigen.

Info

🚌	ab Köln Hbf oder Brühl-Mitte Shuttle-Bus ins Phantasialand
🅿	Parkplatz Birkhof, Brühl
🗺	GeoMap Karte: Köln, Bonn und Umgebung
🍴	Café-Restaurant Birkhof Am Birkhof 1 50321 Brühl www.restaurant-birkhof-brühl.de Mo./Di. Ruhetag
🏨	Hotel Ling Bao Berggeiststraße 31-41 50321 Brühl www.phantasialand.de Hunde kosten 15 Euro/Nacht
ℹ	Zweckverband Naturpark Rheinland Willy-Brandt-Platz 1 50126 Bergheim Tel.: 02271-834201 www.naturpark-rheinland.de
✚	TÄ Freia Weinand Flammgasse 18 53332 Bornheim Tel.: 02227-9099996 www.tierarztpraxis-weinand.de

**weite Felder, Wiesen und Bachauen –
Kottengrover Maar – Kloster Schillingscapellen**

Burgenrundweg Naturpark Rheinland

Hundefreundlichkeit: **Der Weg führt durch Landschafts- und Naturschutzgebiete (Hunde an der Leine lassen), vorbei an Flussläufen, weiten Feldern und Wiesen. Für Hunde gibt es hier zahlreiche Möglichkeiten zum Baden und Trinken. Ganz entspannt läuft man hier mit seinem Vierbeiner auch auf dem Gelände des Klosters Schillingscapellen und der anderen Burgen. Hier besteht jedoch Leinenpflicht.**

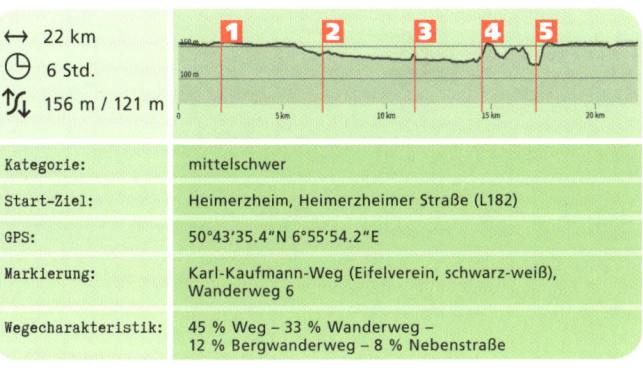

↔ 22 km
⏲ 6 Std.
⇅ 156 m / 121 m

Kategorie:	mittelschwer
Start-Ziel:	Heimerzheim, Heimerzheimer Straße (L182)
GPS:	50°43'35.4"N 6°55'54.2"E
Markierung:	Karl-Kaufmann-Weg (Eifelverein, schwarz-weiß), Wanderweg 6
Wegecharakteristik:	45 % Weg – 33 % Wanderweg – 12 % Bergwanderweg – 8 % Nebenstraße

Vom Wanderparkplatz Dützhof geht es schnurstracks Richtung Süden in den Wald hinein. Nachdem man den Centweg überquert hat, geht man an der nächsten Möglichkeit nach rechts (Viehtrifft), um dann wiederum an der zweiten Möglichkeit nach knapp 600 Metern wieder links abzubiegen. Rechter Hand kommt man vorbei an dem Feuchtgebiet **1** Kottengrover Maar und läuft den Weg an der Rückseite von Heimerzheim entlang. Hier passiert man unter anderem das Gelände der Bundespolizei. Hinter der Akademie für Verwaltungsschutz öffnet sich das Gelände nach rechts und man hat einen Blick auf die ehemalige Kiesgrube Dünstekoven. Von hier schaut man auf die Kinderstube der Kreuz- und Wechselkröte, denn in dieser wegen des Artenschutzes nicht öffentlich zugänglichen Kiesgrube reiht sich ein Tümpel an den anderen. Dazwischen leben eine Rinder- und eine Schafherde sowie diverse Ziegen, die verhindern, dass das 50 Hektar große Gelände verbuscht. In der Kiesgrube

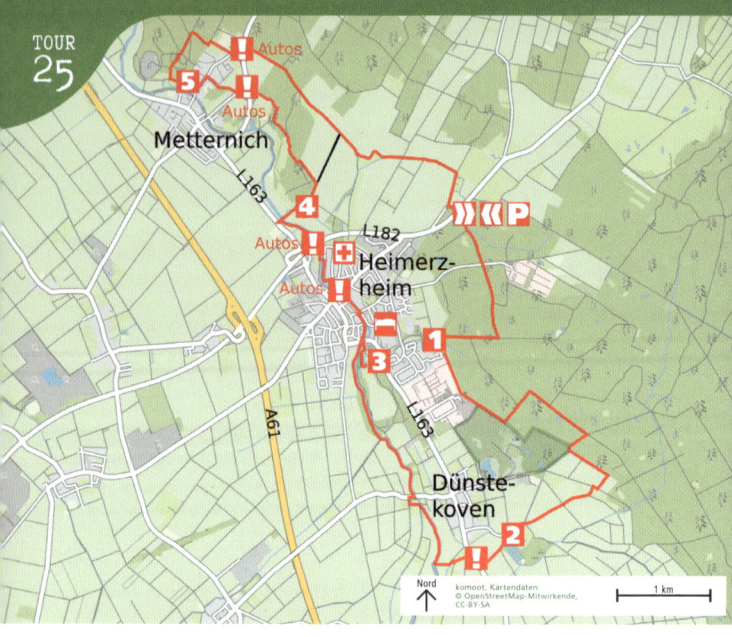

haben die Rheinischen Baustoffwerke von 1965 bis 1995 Sand und Kies abgebaut. Zum Naturschutzgebiet „Dünstekovener Teiche" wurde der östliche 24 Hektar große Teil schon 1989 erklärt. Der Naturschutzbund Bonn kümmert sich derzeit um den Erhalt.

Von der Aussichtsplattform läuft man Richtung Nordwesten zurück in den Wald, wo man zunächst rechts abbiegt und dann nach 800 Metern wieder rechts. An der nächsten Möglichkeit links kommt man vorbei an weiten Feldern und Wiesen mit fantastischem Blick bis ins Siebengebirge. An der übernächsten Abzweigung biegt man nach rechts ab. Es folgt ein kurzer Rechts-Links-Schlenker, um anschließend auf dem Weg weiter geradeaus durch die Felder zu laufen. Von weitem erblickt man schon ein großes Dach und passiert schließlich die dazugehörige Bruchsteinmauer. Man ist am ehemaligen **2** Kloster Schillingscapellen angelangt. Das wurde im 12. Jahrhundert von Ritter Wilhelm, genannt Schilling, dem Vogt von Bornheim und Stammvater des Geschlechts der Herren von Bornheim, gegründet. Nach der Säkularisation ließ Michael von Bury einige Gebäude abreißen und den Kreuzgang zumauern. 1829 wurde es an Karl Freiherr von Boeselager verkauft und dient bis heute als Sitz der Familie, der auch das Schloss Heimerzheim gehört. Die

Klostermauer ist mit dem Eingangstor noch vollständig vorhanden. Vom Wassergraben, der Wasser von der Swist heranführte, existiert heute nur noch ein Teilstück. Ende der 1990er Jahre wurde die Anlage saniert und zu mehreren Wohneinheiten umgebaut.

Weiter führt der Weg am Eingang des Klosters vorbei bis zur **!** Schillingsstraße, der man ein kurzes Stück nach rechts folgt. An der nächsten Möglichkeit biegt man wieder nach links in einen Feldweg ein, dem man bis zur Swist folgt. Der Weg führt nun entlang des Bachlaufs in Richtung Norden und macht schließlich einen kleinen Links-Schlenker über die Straße hinweg, um dann weiter am Wasserlauf entlangzuführen. Schließlich gelangt man nach etwa anderthalb Kilometern vorbei an der **3** Burg Heimerzheim auf die Straße. Das Burggelände liegt rechts und kann besichtigt werden. Die Burg selbst indes nicht. Sie befindet sich seit sechs Generationen (1825) im Familienbesitz der Freiherren von Boeselager, die hier ein Hotel mit Eventbetrieb betreiben. Die Ursprünge reichen weit ins Mittelalter zurück, im 13. Jahrhundert wurden die ersten Teile des Gebäudes als Wehranlage errichtet. Im Laufe der Zeit bauten die wechselnden Burgherren die Anlage aus und um. Bis in die erste Hälfte des 14. Jahrhunderts lebten auch die Herren von Heimerzheim dort.

Wieder zurück auf der **!** Straße überquert man diese und läuft weiter entlang der Swist durch Heimerzheim. Hinter dem Ort passiert man die **!** Landstraße und folgt dem Weg bis zur Brücke, auf der man den Bachlauf überquert, um zur **4** Burg Kriegshoven zu gelangen. Der Weg führt wunderschön durch eine uralte Kastanienallee zur Wasserburg, deren Gründung Mitte des 13. Jahrhunderts vermutet wird. Der erhaltene zweigeschossige Winkelbau im Kern der Burg geht auf das 16. Jahrhundert zurück. 1868 erwarb Oberregierungsrat Emil von Wülfing die Wasserburg und erweiterte das Herrenhaus bis 1869 zu einer dreiflügeligen Anlage in barocken Formen. Noch heute befindet sie sich in Privatbesitz der Familie von Scherenberg, die in die Familie von Wülfing eingeheiratet hatte. Teile der Wassergräben wurden jedoch bereits Ende des 19. Jahrhunderts zugeschüttet.

An der Burg vorbei führt der Weg entlang des Waldrandes. Wer möchte, kann die Tour hier abkürzen, indem er nicht in den Wald geht, sondern geradeaus durch die Felder, um auf den Weg zurück zum Wanderparkplatz zu gelangen. Dazu nach etwa 400 Metern nach links abbiegen und sich anschließend rechts halten. Dann sind es noch etwa zwei Kilometer bis zum Parkplatz.

Möchte man die Tour fortsetzen läuft man nicht geradeaus, sondern

Die Burg Heimerzheim ist wie die Burg Metternich auch von Wassergräben umgeben

biegt nach links ab. Der Weg führt ein Stück durch den Wald und wieder hinaus Richtung Metternich (man läuft immer noch in einigem Abstand parallel der Swist). Schließlich gelangt man an den Ortsrand von Metternich, wo es durch Fachwerkgassen steil hinab geht. Man hält sich im Ort erst links und dann wieder rechts, um zur 5 Burg Metternich zu gelangen. Die Wasserburg, auch Schloss Merle genannt, wurde im 13. Jahrhundert erbaut. Im Jahre 1316 wird erstmals ein Geschlecht erwähnt, das den Namen trägt. Die Wasserburg blieb bis in 17. Jahrhundert im Besitz derer von Metternich. Seit dem 19. Jahrhundert gehört die Burg der Familie von Büllesheim. Erhalten ist das Herrenhaus, das malerisch inmitten von Wasser liegt, während die Vorburgen verfielen und die Gräben geebnet wurden. Nach Umrundung der Burg hält man sich im Wald rechts und wieder rechts, um nun Richtung Südosten wieder zum Wanderparkplatz zu gelangen. Von hier sind es noch vier Kilometer. Man folgt dem Weg wieder über die 4 Straße hinweg aus Metternich hinaus und hält sich an einer Abzweigung rechts. Am Wülfinghof hält man sich links und wandert einen Kilometer bis zum Unteren Dützhof, wo man nach rechts abbiegt. Nach 400 Metern hält man sich wieder links und überquert die Landstraße. Nun hat man nach 20 Kilometern den Ausgangspunkt der Tour wieder erreicht.

Info

🚍	KVB 16 nach Bonn, dann Bus 845 nach Heimerzheim
🅿️	Wanderparkplatz Heimerzheim
🗺️	GeoMap Karte: Kölln, Bonn und Umgebung
🍴	Traditionsgasthaus Zur Linde Bachstraße 1 53913 Swisttal-Heimerzheim www.traditionsgasthaus-zur-linde.de Mo. Ruhetag
🏨	Hotel Weidenbrück Nachtigallenweg 27 53913 Swisttal-Heimerzheim www.hotel-weidenbrueck.de Hunde erlaubt
ℹ️	Rhein-Voreifel Touristik Rathausstraße 34 53343 Wachtberg Tel.: 0228-9544-100 www.rhein-voreifel-touristik.de Burg Heimerzheim Kölner Straße 1 53913 Swisttal-Heimerzheim Tel.: 02254-83605314 www.burg-heimerzheim.de
✚	TA Werner A. Berns Pützgasse 53 53913 Swisttal-Heimerzheim Tel.: 02254-6446 www.tierarztpraxis-berns.de

Tipp

Die Burg Heimerzheim kann für Gruppen ab zehn Personen besichtigt werden. Hier werden Sie sogar von dem Burgherrn persönlich geführt. Die Führung dauert etwa 1,5 Stunden und kostet 10 Euro pro Person, Hunde sind jedoch nicht gestattet.

Waldkapelle – verträumte Weiher und romantische Pferdekoppeln

Durch'n Rheinbacher Stadtwald nach Tomburg

Hundefreundlichkeit: Der Weg führt in weiten Teilen durch ein weites Waldgebiet, vorbei an vielen kleinen Seen und Bachläufen. Daher eignet sich die Tour insbesondere für warme Sommertage, da sie ausreichend Schatten, Abkühlungs- und Trinkmöglichkeiten für Hunde bietet. Auch in den Cafés sind Hunde willkommen.

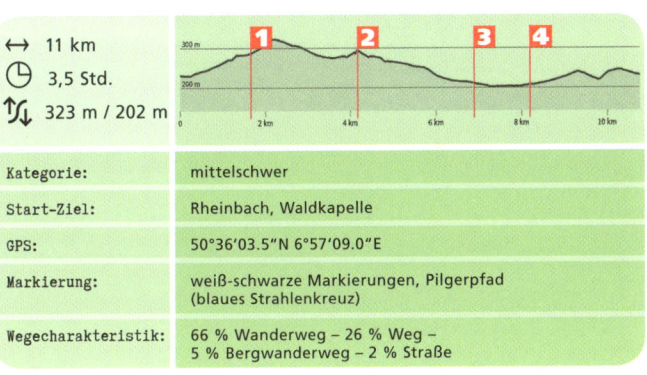

- ↔ 11 km
- ⏲ 3,5 Std.
- ↕ 323 m / 202 m

Kategorie:	mittelschwer
Start-Ziel:	Rheinbach, Waldkapelle
GPS:	50°36'03.5"N 6°57'09.0"E
Markierung:	weiß-schwarze Markierungen, Pilgerpfad (blaues Strahlenkreuz)
Wegecharakteristik:	66 % Wanderweg – 26 % Weg – 5 % Bergwanderweg – 2 % Straße

Die Waldkapelle im Rheinbacher Stadtwald ist der Mittelpunkt der Tour. Sie war früher eine Wallfahrtskapelle und wurde 1683 am Standort einer Buche erbaut. Dort hatten Holzfäller die Initialen Jesu in griechischer Schrift entdeckt. Sie steht inmitten eines Kreuzweges - und heute leider auch umgeben von einer Kurve der Landstraße. 1686 wurde die Pilgerstätte um ein Kloster erweitert. Das wurde später von den Franzosen aufgelöst und im Jahre 1802 abgerissen. Klosterbrunnen und -ofen zeugen noch von dieser Zeit. Das schwarze Kreuz erinnert an den Neukirchener Pfarrer Johannes Rosenbaum, der am 27. Juni 1803 an jener Stelle vom Pferd stürzte und starb.

Vom Parkplatz geht es Richtung Osten direkt in den Wald, wo der Pilgerpfad entlang des Eulenbachs, teilweise über Bohlen, über kleine Wasserläufe und an zahlreichen Weihern vorbeiführt. Vorbei an einem Schild, das auf die historische Römerstraße hinweist, geht es auf

den Weg A5. Ein Wegestein weist auf die Tomburg hin und man trifft kurze Zeit später auf den Brotpfad. Dieser verdankt seinen Namen der Tradition, dass noch im 19. Jahrhundert am vierten Sonntag in der Fastenzeit nach der Messe in der Ippendorfer Kirche Brot an Arme verteilt wurde. Man läuft weiter auf dem Weg, passiert die **1** Alten Weiher und hält sich danach links. Zur **2** Tomburg kann man auf zwei Wegen gehen, der A12 führt vorbei an einem Rapsfeld hoch zur Ruine (Naturschutzgebiet). Schon oberhalb des Rapsfeldes hat man einen traumhaften Ausblick auf die umgebende Landschaft bis zum Siebengebirge.

Der Berg wurde schon in keltischer und römischer Zeit für Befestigungsanlagen genutzt. Die Tomburg entstand vermutlich um 900 unter den Karolingern, die von hier die Heerstraße von Aachen nach Frankfurt kontrollierten. Später diente sie den rheinischen Pfalzgrafen als Amtsburg. Ab Mitte des 14. Jahrhunderts waren die Tomburger als Raubritter gefürchtet. So wurde die Burg, von der nur noch die Ruine des Bergfrieds aus Basalt und Tuffstein erhalten ist, im 15. Jahrhundert vom Herzog von Jülich im Zuge einer Strafaktion zerstört. Der heute noch sichtbare Ziehbrunnen wurde 1883 im Auftrag des Rheinbacher Verschönerungsver-

Station vor der Waldkappelle mitten im Rheinbacher Stadtwald

eins wieder auf seine ursprünglichen, vermutlich 46 Meter Tiefe ausgeschachtet. Dabei kamen mehrere archäologische Funde zu Tage, zu denen auch ein Siegelring des Grafen Friedrich von Sombreff aus dem Jahre 1466 gehört. Alles befindet sich heute im Heimatmuseum der Stadt Rheinbach. Auch unterirdische Gänge vom Burgkeller in den Wald wurden gefunden, zwei davon gibt es noch heute in einer Länge von 25 Metern.

Wieder unten hält man sich rechts. Der Weg führt vorbei an Pferdekoppeln wieder in den Wald. Am Waldrand kann man noch einmal einen Blick zurückwerfen auf die Ruine der Tomburg. Im Wald kommt man wieder an einem Hinweis auf die historische Römerstraße vorbei und überquert schließlich den **3** Eulenbach, um dann nach links parallel von ihm zu laufen. Am Waldrand biegt man nach links ab und überquert erneut den Eulenbach und gelangt so auf die Straße Waldwinkel, die auf die Landstraße nach Rheinbach führt. Folgt man dieser (Ölmühlenweg) nach rechts, gelangt man nach kurzer Zeit zum Café Löhrer. Dort wartet leckerer Kuchen oder Eis auf der Terrasse auf die Zweibeiner und ein Wassernapf auf die Vierbeiner. Von dort kann man entweder Rheinbach besichtigen oder man geht wieder zurück an der Straße entlang,

TOUR 26

Auf dem Weg hoch zur Tomburg hat man wundervolle Aussichten bis ins Siebengebirge

bis rechts gegenüber dem Waldhotel, wo der Biergarten ebenfalls zur Pause einlädt, ein Waldweg abgeht. Am 4 Schwanenweiher vorbei, überquert man den Pionierweg und folgt dem Weg schließlich nach links zum Waldrand Richtung Merzbach.

Vor Merzbach biegt man nach links auf die Merzbacher Straße ab und folgt dieser aber nur für etwa 50 Meter. Dann biegt man nach rechts und wandert knappe 500 Meter entlang des Waldrandes. Der Weg führt anschließend tiefer in den Wald. Von hier aus sind es noch ca. 10 Minuten und man erreicht den Ausgangspunkt der Tour: Die Waldkapelle.

Kletterspaß auf den Ruinen der Tomburg

Info

🚍	RB 25 nach Rheinbach Hbf, dann Bus 840 nach Todenfeld/Hilberath
🅿	Parkplatz Waldkapelle Rheinbach
🗺	Wanderkarte Rheinbach Alfter, Eifelverein (Nr.6)
🍴	Café-Confiserie Löhrer Uhlandweg 2-4 53359 Rheinbach www.loehrershop.de täglich geöffnet
🛏	Waldhotel Rheinbach Ölmühlenweg 99 53359 Rheinbach www.waldhotel-rheinbach.de täglich geöffnet Für Übernachtung mit Hund stehen zwei Zimmer zur Verfügung – 10 Euro extra
ℹ	Stadtverwaltung Rheinbach Schweigelstraße 23 53359 Rheinbach Tel. 02226-9170 www.rheinbach.de
✚	Kleintierpraxis Rheinbach Gartenstraße 26 53359 Rheinbach Tel.: 02226-4452 www.kleintierpraxis-rheinbach.de

Tipp

Rheinbach ist über die Region hinaus als Glasstadt bekannt. Dies ist insbesondere auf die Ansiedlung deutscher Glasveredler aus Böhmen zurückzuführen, die sich 1947 infolge des Zweiten Weltkriegs in Rheinbach ansiedelten. Im Glasmuseum, wo Hunde aber leider draußen bleiben müssen, gibt es eine interessante Sammlung mit Glas aus der Barockzeit bis zum zeitgenössischen Studioglas. Darüber hinaus finden sich in Rheinbach zahlreiche Reste mittelalterlicher Stadtmauern und Türme, die man bei einem Stadtrundgang entdecken kann. Man kann entweder auf eigene Faust losziehen oder an einer Führung teilnehmen. Weitere Informationen und einen Flyer gibt es im Stadtarchiv unter Tel.: 02226-917-550.

TOUR 27

weitläufige Heide- und Waldgebiete – Wildpark Kommern – rote Katzenberge

Von der Burg Satzvey zu den Katzensteinen

Hundefreundlichkeit: In der Heide wartet ein großer See, in dem Hunde baden können. In unzähligen Panzerlöchern sammelt sich ebenfalls das Wasser, so dass sich immer wieder ein Tümpel zum Trinken findet. Am Wildpark sollten Hunde generell an der Leine geführt werden, damit sie das Wild nicht erschrecken. Hunde, die gerne klettern, kommen in den Katzenbergen auf ihre Kosten – keine Angst, steile Wände liegen nicht am Weg. Am hundefreundlichen Burgcafé wartet zum Abschluss ein Schälchen Wasser auf die Vierbeiner.

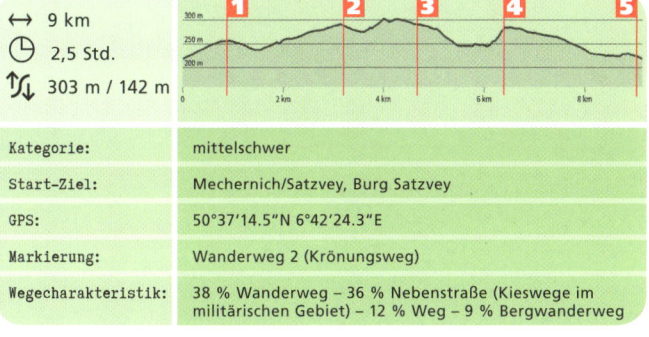

↔ 9 km
⏲ 2,5 Std.
⇅ 303 m / 142 m

Kategorie:	mittelschwer
Start-Ziel:	Mechernich/Satzvey, Burg Satzvey
GPS:	50°37'14.5"N 6°42'24.3"E
Markierung:	Wanderweg 2 (Krönungsweg)
Wegecharakteristik:	38 % Wanderweg – 36 % Nebenstraße (Kieswege im militärischen Gebiet) – 12 % Weg – 9 % Bergwanderweg

Die Tour beginnt an der Burg Satzvey. Von hier aus folgt man der Straße An der Burg nach links, um in die Firmenicher Straße zu gelangen. Hier biegt man rechts ab und passiert die Kirche und den Biergarten Im Höfchen. Dahinter biegt man nach links in die Straße Am Kirchturm ein, der man bis zum **1** Ortsrand folgt. Dort hält man sich rechts. Wer das verpasst hat, kann auch weiter bis Ortsende laufen und dort links einbiegen. Schließlich läuft man vorbei am Sportplatz und stößt dahinter nach rechts auf ein Hinweisschild „Militärisches Gebiet". Man folgt dem Weg und biegt an der ersten Möglichkeit links und dann wieder nach rechts ab. Bahngleise mitten im Wald zeugen hier von der Nutzung als Übungsgelände.
Im Wäldchen auf der rechten Seite

TOUR 27

Am Seerosenteich können Mensch und Hund dem Quaken der Frösche lauschen

liegt ein wunderschöner 🅾 Seerosenteich, zu dem sich ein Abstecher nicht nur wegen des Froschkonzerts lohnt, sondern auch für ein Hundebad.
Zurück auf dem Weg befindet man sich mitten in einer wunderschönen Heidelandschaft. Man biegt an der ersten Möglichkeit links ein und folgt dem breiten Weg immer geradeaus. Die militärische Nutzung hat zum Teil groteske Spuren hinterlassen. So blickt man von weitem mal auf ein Einbahnstraßenschild mitten im Gelände und mal auf einen alten Panzer. Man bleibt auf dem Weg und biegt an der T-Kreuzung ein kurzes Stück nach links ab, um dann wieder bei der ersten Möglichkeit nach rechts zu laufen. Nun kommt man vorbei an 2 Schützengräben und folgt dem Weg weiter geradeaus, um bei der nächsten Möglichkeit links abzubiegen.
Von dem großen Weg zweigt nach etwa 100 Metern rechts ein kleiner Waldweg ab, in den man einbiegt. Danach hält man sich direkt

Die Wanderung beginnt an der Burg Satzvey

links und stößt schließlich wieder auf einen breiten Weg. Bleibt man auf ihm, biegt man nach etwa 200 Metern rechts ab und dann an der nächsten Möglichkeit gleich wieder nach links. Man folgt dem Weg weiter geradeaus und gelangt mit zwei kleinen Schlenkern nach links schließlich an den Zaun des angrenzenden **3** Wildparks Kommern, von wo aus einem das Dammwild neugierig begrüßt. Man bleibt auf dem Weg und passiert den Eingang des Wildparks, um schließlich auf die Straße Am Katzenstein zu gelangen. Der folgt man, über Bahnschienen hinweg, ein kleines Stück auf dem Bürgersteig. Hinter dem Bahnübergang verläuft die Straße nach rechts in den Ort Katzvey. Der Ort war Standort der untergegangenen Katzenburg. An einem roten Steinhaus vorbei steht ein Baum mit einer Bank, die zur Rast einlädt. Hier biegt man links ein und gelangt an Wiesen vorbei nach kurzer Zeit zu einer Brücke, die über den Veybach auf die Straße führt und die man überquert. Nun befindet man sich auf dem Wanderparkplatz Katzensteine, wo eine Tafel auf steinzeitliche Funde hinweist. Anfang der 1970er Jahre wurden hier Artefakte aus der Steinzeit entdeckt. An der Tafel vorbei, führt der Weg in den Wald nach links den Berg hinauf zu den **4** Katzensteinen. Der steile Anstieg wird mit wunderschönen Ausblicken auf das rote Buntsand-

TOUR 27

Schon die Römer brachen die roten Sandsteine aus den Katzensteinen

stein-Massiv, das seit 1937 unter Naturschutz steht, belohnt.
Hier sollte man die Hunde an die Leine nehmen, denn der Weg führt mitten durch den Wald, entlang des Randes des Veybachtales, das steil zur linken Seite hin abfällt. Der Weg biegt scharf nach rechts ab und führt dann wieder nach links an einem 🔴 Steinbruch vorbei, in den man einen Abstecher machen kann. Er wurde bei den Ausgrabungen entdeckt und stammt vermutlich noch aus der Römerzeit. In 400 Meter Entfernung von den Katzensteinen fand man Überreste eines kleinen Tempels aus dem ersten Jahrhundert n. Chr., der der Göttin Diana geweiht war und für den man aus Katzensteinen Weihesteine hergestellt hat.
Schließlich führt der Weg weiter scharf nach links und man läuft für

die nächsten 1,3 Kilometer immer geradeaus, wieder absteigend auf dem Krönungsweg durch den Wald Richtung Satzvey. An der nächsten Abzweigung hält man sich links und gelangt wieder zu den Bahngleisen. Die Schranken hier sind immer geschlossen und man muss klingeln, damit sie geöffnet werden. Über die Bahngleise hinweg verläuft der Weg erneut über den Veybach hinweg zum Ortsrand von Satzvey. Von hinten gelangt man auf das Friedhofsgelände und die Kirche, die man passiert, um durch eine kleine Gasse zur rechts liegenden 5 Burg Satzvey zu gelangen. Ein paar Stufen führen hinab zum Parkplatz davor, den man Richtung Burggelände überquert.

Wenn nicht gerade ein mittelalterlicher Markt oder Ritterspiele dort sind, kann man gemütlich im Burghof oder im italienischen Restaurant Platz nehmen oder sich im Burgcafé, in das man durch die Torbögen hinter den Burghof gelangt, Kaffee und Kuchen genüsslich schmecken lassen. Die erstmals 1396 erwähnte Burg gehört zu einer der schönsten Wasserburgen des Rheinlands. Sie befindet sich seit über 300 Jahren im Besitz der Familie der Grafen Beissel von Gymnich. Patricia Gräfin Beissel sorgt durch historische Märkte und Ritterspiele für die Unterhaltung der Burg.

Tipp

Man kann nach dem Wildpark auch einen Abstecher zum Freilichtmuseum Kommern machen. Das verlängert die Tour allerdings um rund sechs Kilometer. Im Freilichtmuseum sind Hunde an der Leine erlaubt. Mehr Infos unter www.kommern.lvr.de

Info

H	RB 12365 nach Satzvey
P	Parkplatz Burg Satzvey
🗺	GeoMap Karte: Naturpark Eifel, Rureifel, Hohes Venn
🍴	Burg Satzvey - Burg Café An der Burg 3 53894 Satzvey www.burgsatzvey.de Do. Ruhetag Café-Biergarten Im Höfchen Firmenicher Straße 21 53894 Mechernich - Satzvey www.cafe-im-höfchen.de täglich geöffnet
🛏	Hotel-Restaurant Stollen Kölnerstraße 58 53894 Mechernich-Kommern www.hotel-restaurant-stollen.de Hunde übernachten kostenlos
i	Nordeifel Tourismus GmbH Bahnhofstraße 13 53925 Kall Tel.: 02441-994570 www.nordeifel-tourismus.de Burg Satzvey 53894 Mechernich-Satzvey Tel.: 02256-95830 www.burgsatzvey.de
✚	Tierärztliche Gemeinschaftspraxis in Mechernich Wingert 36 53894 Mechernich Tel.: 02443-6638

unterwegs mit dem Dampfross – Brohltal-Uferwege – Jakobsweg – reizvolle Landschaften und erloschene Vulkane

Burg Olbrück und Rodder Maar

Hundefreundlichkeit: Hunde reisen im Vulkan-Express kostenfrei mit. An der Endstation am Bahnhof Engeln führt der Weg zur mittelalterlichen Burg Olbrück, wo Hunde ebenfalls an der Leine willkommen sind. In der sehr hundefreundlichen Kastellaney auf der Burg wartet ein gekröntes Wassernäpfchen und Trockenfutter-Gedeck auf die Vierbeiner.

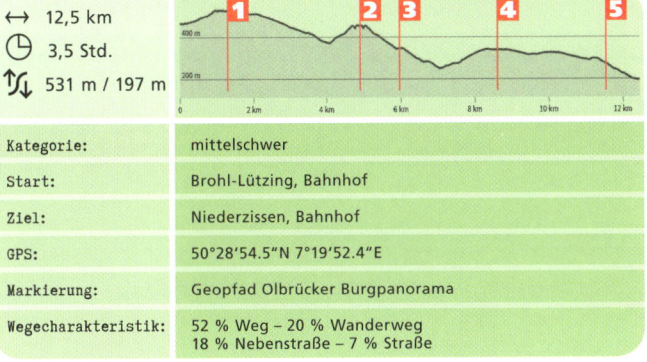

↔ 12,5 km
⏲ 3,5 Std.
↕ 531 m / 197 m

Kategorie:	mittelschwer
Start:	Brohl-Lützing, Bahnhof
Ziel:	Niederzissen, Bahnhof
GPS:	50°28'54.5"N 7°19'52.4"E
Markierung:	Geopfad Olbrücker Burgpanorama
Wegecharakteristik:	52 % Weg – 20 % Wanderweg 18 % Nebenstraße – 7 % Straße

Die Tour beginnt mit der Fahrt im historischen Vulkan-Express, dessen Ursprünge auf das Jahr 1885 zurückgehen. Nachdem der Personenverkehr der Brohltalbahn 1961 eingestellt wurde, feierte der Vulkan-Express 1977 seine Premiere. Die von Dampf- und Diesellokomotiven gezogenen Züge bringen die Wanderer mit einer Geschwindigkeit von 20 Kilometer pro Stunde von Brohl am Rhein nach Engeln in die Eifel. Entlang des Brohlbaches geht es unter anderem über ein 120 Meter langes Viadukt, das in 12 Meter Höhe das Brohltal überquert. Anschließend windet sich die schmalspurige Strecke durch den einzigen Tunnel der rund 18 Kilometer langen Bahnlinie.

Von der Endstation am Bahnhof Engeln läuft man ein kurzes Stück entlang der Straße und biegt an der ersten Möglichkeit links auf einen Weg ab. Dieser führt leicht bergauf, vorbei an den ersten Häusern des Ortes. Oben hält man sich rechts und läuft über die Straße Im kleinen Acker bis

TOUR 28

zur Ortsdurchgangsstraße (Brenker Straße). Dieser folgt man nach links bis fast zum Ortsende, wo rechts ein Weg abzweigt, der man nach rechts folgt, um nach weniger als 100 Metern erneut rechts abzubiegen. Nun läuft man entlang des Steinbruchs (linker Hand) und biegt nach 200 Metern links ab, um eine kleine 1 Plattform zu erreichen. Von der aus kann man den Aufbau und Verlauf der Schichten in der Lavagrube erkennen. Wieder zurück auf dem Weg, geht es mit Blick auf die Burg Olbrück über Felder in den Wald. Der Weg wird schließlich zur Straße, der man bis zu der Kreuzung mit einer Bank folgt. Hier biegt man nach links ein und an der nächsten T-Kreuzung nach rechts, um auf einer Teerstraße nach links hoch zur 2 Burg Olbrück zu laufen. Die mittelalterliche Burganlage gehört seit der Wiedereröffnung 2001 zu den markantesten Touristenattraktionen des Vulkanparks Brohltal/Laacher See und bietet eine spannende Zeitreise vom Vulkanismus zum Rittertum. Die Anfänge der exponiert auf einem Bergkegel gelegenen Burg Olbrück reichen bis in das 12. Jahrhundert zurück. Sie wurde vermutlich von den Grafen von Wied erbaut. Später bildete die Burg den Mittelpunkt einer kleinen Herrschaft, die zehn Dörfer umfasste. Der Zerstörung im Pfälzischen Erbfolgekrieg 1689 folgte der Wiederaufbau von Teilen der Haupt-

Von der Burg aus kann man tolle Ausblicke ins Umland genießen

burg. 1804 wurde die Burg veräußert und verfiel. Nach ihrer Besichtigung geht es auf gleichem Weg abwärts über die Burgstraße auf die Dorfstraße in dem malerisch am Hang gelegenen Ort Hain.
An der Gabelung am Weinberg hält man sich rechts bis zur 3 Kapelle des Heiligen Wendelinus. Dann läuft man nach links über die Holzwiesenstraße und überquert die Dürenbacher Straße und gelangt dann nach rechts auf dem Weg ins Tal. Auf Teilstrecken des Brohltal-Uferweges und des Jakobsweges eröffnen sich eindrucksvolle Aussichtspunkte ins Rheintal und den Westerwald. Auf dem Hainer Weg überquert man den Brohlbach nach links. Man gelangt auf die Brohltalstraße, der man wenige Meter folgt, um dann an der nächsten Möglichkeit rechts auf den Rodder Weg einzubiegen. Der führt durch Niederdürenbach vorbei am Golfclub Maarhof, um auf direktem Weg zum 4 Rodder Maar zu gelangen.
Das entstand etwa vor 100.000 Jahren als trichterförmiger Kessel, der sich nach und nach mit einer bis zu 15 Meter dicken Tonschicht füllte und damit wasserundurchlässig wurde. Unklar ist, ob das Maar vulkanischen Ursprungs ist oder aber durch einen Meteoriteneinschlag entstanden ist. Jahrhunderte lang wurde das Maar von den Burgherren

TOUR 28

Vor dem Rodder Maar gibt es einen weiteren kleinen Tümpel

Werbung

 anny·x

FUNCTIONAL STUFF
www.annyx.de

als Fischteich genutzt. Ab etwa 1800 wurde es immer wieder entwässert und urbar gemacht, um Feldfrüchte anzubauen. In den 90er Jahren wurde das Maar dann renaturiert. Das große Froschkonzert, das bei lauten Geräuschen anschwillt, ist ein Beweis dafür, dass hier die Natur wieder in Ordnung ist.

Man kann das Maar umrunden oder aber nach einem kleinen Stück parallel zum Ufer nach rechts abbiegen. Nach kurzer Zeit kommt man am 🔘 Steinberg (rechter Hand mit Schutzhütte) vorbei, von dem man einen Blick über das Land bis Niederzissen hat. Weiter geradeaus überquert man nach einem Rechts-/Linksschwenk die 🚻 Königsfelder Straße. Danach folgt man dem Weg nach rechts, um am Ortsrand von Niederzissen entlang zum 5 Bausenberg zu gelangen (dritte Möglichkeit links einbiegen).

Der Berg wurde vor etwa 200.000 Jahren durch Schlacken gebildet, die nach ihrem Auswurf nicht schnell genug erkalteten. Durch eine seitliche Öffnung konnte fließende Lava entweichen, weshalb sich kein Kegel, sondern der heute noch gut sichtbare Kraterrand, wegen seiner Form auch Hufeisenkrater genannt, bildete. Von ihm herab führt der Weg über die Kraterstraße auf die Waldorfer Straße, der man scharf nach rechts folgt, um zum historischen Bahnhof Niederzissen zu gelangen. Dort kann man in den VulkanExpress einsteigen, um nach Brohl, dem Ausgangspunkt der Tour, zurückzukommen.

Info

🚌	RB 26 nach Brohl, dann Vulkan-Express nach Niederzissen (Abfahrtszeiten können telefonisch erfragt werden: 01805-996633)
🅿️	Parkplatz am Bahnhof Brohl-Lützing
📖	Kompass Wanderführer Eifel 2 Vulkaneifel; Wanderkarte: Brohltal, Eifelverein (Nr. 10)
🍴	Gasthaus Ratsschenke Kapellenstraße 17 56651 Niederzissen www.ratsschenke-niederzissen.de täglich geöffnet
ℹ️	Tourist-Information Brohltal Rathaus 56651 Niederzissen Tel.: 02636-19433 www.brohltal.de

Vulkan-Express Tel.: 02636-80303 www.vulkan-express.de |
| ✚ | Tierärztliche Gemeinschaftspraxis Jahnstraße 6 56659 Burgbrohl Tel.: 02636-968339 Notruf: 0151-18428918 www.tierarztpraxis-gilles.de |

Tipp

Man muss nicht zwangsläufig in Brohl in den Vulkanexpress einsteigen, sondern kann auch nur die Teilstrecke zwischen Engeln und Niederzissen fahren.

Siebengebirge – Schloss Drachenburg – Nibelungenhalle – Reptilienzoo – tolle Ausblicke ins Rheintal

Löwenburg und Drachenfels

Hundefreundlichkeit: **Die Wanderung führt durch Naturschutzgebiet und auf den Bergen ist an den Wochenenden viel los, so dass man Hunde an die Leine nehmen sollte. Allerdings sind sie in allen Lokalen am Wegesrand willkommen. Meistens wartet ein Wassernäpfchen auf sie. Auf den Wegen durch die Täler bieten sich immer kleine Wasserläufe zum Trinken an. Entgegen sonstiger Gewohnheiten dürfen sie sogar mit auf den Waldfriedhof zum Adenauer-Grab – an der Leine, versteht sich. Das Gleiche gilt für den Park von Schloss Drachenburg, die Nibelungenhalle und den Reptilienzoo auf dem Weg zum Schloss.**

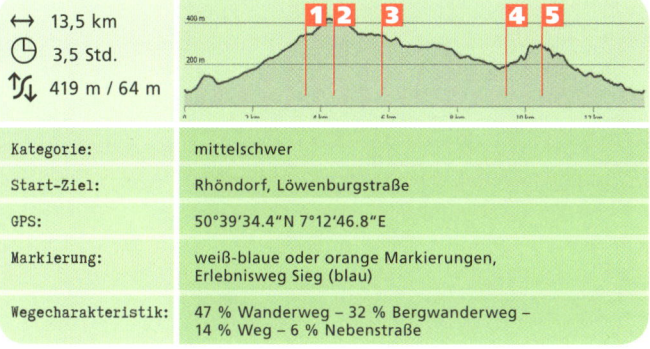

↔ 13,5 km
⏲ 3,5 Std.
⇅ 419 m / 64 m

Kategorie:	mittelschwer
Start-Ziel:	Rhöndorf, Löwenburgstraße
GPS:	50°39'34.4"N 7°12'46.8"E
Markierung:	weiß-blaue oder orange Markierungen, Erlebnisweg Sieg (blau)
Wegecharakteristik:	47 % Wanderweg – 32 % Bergwanderweg – 14 % Weg – 6 % Nebenstraße

Los geht die Wanderung durch den ältesten Naturpark Deutschlands mitten in Rhöndorf am Parkplatz an der Löwenburgstraße. Der Straße entlang Richtung Nordosten geht es schon nach kurzer Zeit rechts in die Straße Auf dem Rüdel. Man folgt dieser vorbei an einigen Häusern, bis der Weg nach links in den Wald führt. Auf dem Dr.-Meuser-Weg läuft man bergan bis man erneut auf die Löwenburgstraße stößt, die inzwischen auch zu einem Waldweg geworden ist. Durch das romantische Anna-Tälchen folgt man dem Weg für zweieinhalb Kilometer weiter hoch Richtung Löwenburg. Oben treffen mehrere **1** Wege vor der Gaststätte Zur Löwenburg zusammen. Hier hat man bereits eine schöne Aussicht und die Wahl, entweder auf dem offiziell beschilderten Weg

weiter hoch zur 2 Löwenburg zu laufen oder einen kleinen Pfad durch den Wald zu nehmen.
Auf dem letzten Stück zur Löwenburg wartet eine Bank mit einer tollen Aussicht auf die Besucher. Weiter oben von der Burg ist sie aber noch um ein Vielfaches besser. Die Ruine, die hier steht, sind die Reste der in der zweiten Hälfte des 12. Jahrhunderts von Heinrich II., Graf von Sayn aus dem Westerwald errichteten Grenzfeste gegen die kurkölnischen Burgen Drachenfels und Wolkenburg. Urkundlich erwähnt wurde sie 1247. In dieser Zeit entstanden auch die Hauptburg, Vorburg und der nördliche Außenbering. Nachdem hier das Amt Löwenburg des Herzogtums Jülich-Berg im 15. Jahrhundert eingerichtet wurde, wurde sie im Rahmen der Kriegszüge des 16. Jahrhunderts zerstört.
Zurück geht es auf dem gleichen Weg wieder bergab. Vorbei am Ausflugslokal kommt man wieder zur 1 Wegegabelung, wo man nun parallel des Löwenburgwegs leicht rechts abbiegt und sich bei der nächsten Möglichkeit links hält. Es geht wieder bergab durch den Wald, vorbei an der 3 Userother Hütte, nach der man auf einen Weg stößt, dem man nach links folgt, sich bei der nächsten Weggabelung jedoch weiter rechts hält. Es folgt schließlich eine weitere Schutzhütte und dann das Milchhäuschen, in das man ein-

Von der Ruine der Löwenburg hat man spektakuläre Ausblicke in die Landschaft

kehren kann. Dieses geht auf das 1826 erstmals erwähnte Gut Elsigerfeld zurück und wurde ab 1912 zum Ausflugslokal. Vom Milchhäuschen aus hält man sich weiter in Richtung Westen, bis man kurz vor der Drachenburg auf eine Wegkreuzung trifft, bei der man links abbiegt. Der Weg Burghof führt durch ein Tal hoch zum **4** Schloss Drachenburg. Wer möchte, kann alternativ auch einen etwas größeren Schlenker nach rechts ins Tal machen, um an der **O** Nibelungenhalle mit dem Drachenbrunnen vorbeizukommen.

Ein Bonner Börsenmakler und Bankier ließ Schloss Drachenburg 1882 erbauen. Heute befindet sich in der Vorburg das Museum für die Geschichte des Naturschutzes. Sehenswert ist insbesondere der Park, von dem man einen tollen Ausblick auf den Rhein hat. Durch den Park gelangt man wieder auf den Eselsweg, dem man nach rechts folgt, um hoch zum **5** Drachenfels zu gelangen. Der traditionelle Aufstieg – mit herrlichsten Aussichten – wurde vermutlich schon von römischen Steinmetzen benutzt. Die Lasttiere transportierten früher den Trachyt vom Steinbruch und die Trauben vom Weinanbau sowie später bis 1967 die Touristen auf und runter vom Berg.

Oben auf der neu angelegten Plattform und der Station der Zahnradbahn angekommen, sollte man unbe-

Eine Brücke verbindet die zwei Plateaus auf der Löwenburg miteinander

dingt noch den Weg hoch zur Ruine und damit höchstem Punkt des Drachenfelses gehen, von dem man eine fantastische Aussicht auf das Rheintal hat. Die Ruine ist das Wahrzeichen des Siebengebirges und wurde im 12. Jahrhundert vom Kölner Erzbischof Arnold erbaut. Sie diente einst zur Absicherung des Kölner Gebietes nach Süden hin und wurde während des Dreißigjährigen Krieges 1634 vom Kurfürsten von Köln geschleift. Der Berg selbst wurde lange Zeit als Steinbruch genutzt und verlor dadurch etwas von seiner ursprünglichen Höhe. Mit seinem Trachyt wurde auch der Kölner Dom erbaut. Der Verfall des Berges durch die Steinbrucharbeiten wurde 1836 von der Preußischen Regierung gestoppt. Für seinen Namen gibt es indes verschiedene Erklärungen, etwa eine Herleitung aus Trachyt oder die Sage über einen Drachen, der hier gehaust haben soll. Hieraus wurde auch ein Bezug zur Nibelungensage hergestellt. Wieder zurück auf der Plattform läuft man nicht wieder zur Station der ältesten Zahnradbahn Deutschlands - sie wurde am 17. Juli 1883 eröffnet, sondern mit Blick auf das Rheintal nach rechts einige Treppen hinunter, um wieder ins Tal zu kommen. Über schmale Pfade gelangt man nach links über einige Spitzkehren (man sollte auf dem Weg bleiben und nirgends nach rechts abbiegen) auf einen breiten Weg, dem man kurz nach links folgt und schließlich an einem Hinweis auf den unter Denkmalschutz stehenden Waldfriedhof vorbeikommt. Hier biegt man nach rechts runter durch ein Eisengatter auf den Friedhof ab. Die Kapelle liegt rechts, ist aber abgesperrt, da hier der Hang abgerutscht ist. Weiter unterhalb nach links kommt man schließlich zum Grab von Konrad-Adenauer (1876 bis 1967), auf das eine große Info-Tafel hinweist (dass Grab liegt, wenn man davor steht, im Rücken). Der erste Bundeskanzler der Bundesrepublik lebte seit 1935 in Rhöndorf. Sein Wohnhaus, das für Hunde leider nicht zugänglich ist, wurde zu einem Museum umfunktioniert und wird von einer Stiftung verwaltet. Man folgt dem Weg bergab und gelangt durch ein Tor und über eine kleine Brücke wieder auf die Löwenburgstraße, der man nach rechts zurück bis zum Ortszentrum folgt. Dort angekommen, führt der Weg über die Drachenstraße zurück zum Ausgangspunkt.

Tipp

Wer möchte, kann auf dem Weg zum Schloss Drachenburg entweder über einen Umweg oder auch direkt vor Besuch des Parks nach rechts einen Abstecher zur Nibelungenhalle mit Drachenhöhle und Reptilienzoo machen, wo Hunde an der Leine erlaubt sind. Geöffnet ist sie zwischen dem 15. März und 1. November täglich von 10 bis 18 Uhr. Sie wurde 1913 als Gedächtnistempel zum 100. Geburtstag Richard Wagners errichtet. Mehr Informationen unter www.nibelungenhalle.de.

Info

🚉	RE 8 oder RB 27 bis Königswinter oder S 16 bis Bonn, dann Tram 66 bis Rhöndorf Bahnhof Rhöndorf, Parkplatz Löwenburgstraße (Marktplatz)
🅿	Rhöndorf, Parkplatz Löwenburgstraße (Marktplatz)
🗺	GeoMap Karte: Bonn, Siebengebirge und Kottenforst mit Rheinsteig
🍽	Milchhäuschen Elsigerfeld 1 53639 Königswinter www.milchhaeuschen.de Mo. Ruhetag Restaurant Drachenfels Auf dem Drachenfels 53639 Königswinter www.der-drachenfels.de täglich geöffnet Cafe-Konditorei-Weinhaus Profittlich Drachenfelsstraße 21 53604 Rhöndorf www.cafe-profittlich.de Mo. Ruhetag
🛏	Hotel Weinhaus Hoff Löwenburgstraße 18 53604 Rhöndorf www.hotel-weinhaus-hoff.de Hunde kosten 5-10 Euro/Nacht
ℹ	Tourismus Siebengebirge GmbH Drachenfelsstraße 51 53639 Königswinter Tel.: 02223-917711 www.siebengebirge.de
✚	Tierarztpraxis Haan Bismarckstraße 31 53604 Bad Honnef Tel.: 02224-71007 www.tierarztpraxishaan.de

Schieferbergwerk Asberg – Hachenburg – wilde Schluchten – Nistertal

Vom Löwenbrunnen zum Kloster Marienstatt

Hundefreundlichkeit: Für Hunde ist der Weg ein Eldorado, denn er führt durch unberührte Natur über Wiesen und durch Wälder, wo sie getrost laufen können. Im Landschaftsmuseum wartet ein Schlabbernäpfchen auf die Vierbeiner und entlang der Nister gibt es immer mal wieder Möglichkeiten für ein kühles Bad. In das Schieferbergwerk dürfen sie ebenso mit hinein wie auf das Klostergelände, ins Brauhaus und ins Landschaftsmuseum in Hachenburg (Hunde hier aber bitte anleinen).

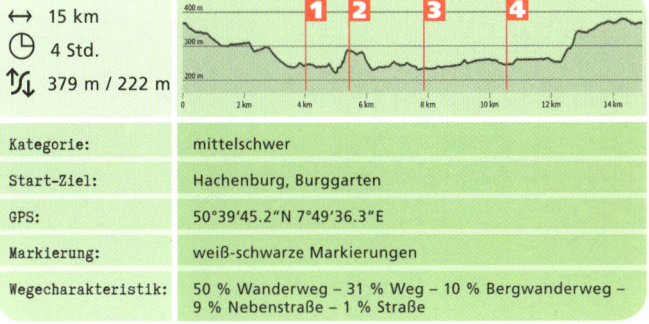

↔ 15 km
🕐 4 Std.
↕ 379 m / 222 m

Kategorie:	mittelschwer
Start-Ziel:	Hachenburg, Burggarten
GPS:	50°39'45.2"N 7°49'36.3"E
Markierung:	weiß-schwarze Markierungen
Wegecharakteristik:	50 % Wanderweg – 31 % Weg – 10 % Bergwanderweg – 9 % Nebenstraße – 1 % Straße

Vom Parkplatz (Festplatz) am Burggarten läuft man nach rechts ins Tal, dann über die Straße In der Burgbitz, nach links über die Kreuzung hinweg in die Gartenstraße, um zum Bahnhof zu gelangen. Dort führt der Weg schließlich nach rechts über die Nisterstraße und die Bahnschienen hinweg und biegt direkt danach links ein, dann wieder rechts und an der nächsten Möglichkeit wieder links. An Feldern vorbei, unterquert man die ❗ Bundesstraße und bleibt auf dem Weg Richtung Marienstatt. Man läuft links der Nister über die Straße hinweg und biegt dahinter links in den Wald. Hier befindet man sich in dem beliebten Kletter- und Wandergebiet Kroppacher Schweiz. An einer 1️⃣ Abzweigung nach links gibt es einen Hinweis zur 🅾 Burg Vroneck/Felsenstübchen, einem beliebten Kletterfelsen, wo sich auch Reste einer Burg aus dem 14. Jahrhundert befinden. Dies ist nur ein Abstecher, der sich aber eher im Winter lohnt,

weil man dann einen schönen Ausblick auf das Kloster hat. Andernfalls bleibt man auf dem Weg und läuft durch den Wald oberhalb des Nistertales hinab zur Nister, die man schließlich nach rechts auf einer Brücke im Tal überquert. Kurz dahinter gibt es einen Hinweis zum 2 Schieferbergwerk Asberg, dem man nach links die steilen Treppen hinauf folgt. Das ist eine Herausforderung, die sich lohnt, denn oben trifft man auf Deutschland's kleinstes Schaubergwerk, das dauerhaft geöffnet ist. Hier wurde bereits seit dem Mittelalter sowohl im Tagebau als auch im Tiefbau Dachschiefer gewonnen. Nach Besuch des Bergwerks führt der Weg nur ein kleines Stück weiter bergauf und dann geht es wieder leicht hinab durch den Wald. Man folgt dem Weg, der schließlich wieder nach rechts herunter ins Tal führt, wo man auf die Nister trifft. Hier hält man sich links und folgt dem Marienwanderweg, einem Pilgerweg zwischen den Klöstern Marienthal und Marienstatt. Entlang des Flusslaufs gelangt man schließlich nach rechts zum 3 Kloster Marienstatt.

Die Gründung des Klosters erfolgte nach einer Schenkung im 13. Jahrhundert von Graf Heinrich III. von Sayn. Die Marienstatter Tafeln von 1324, die sich heute im Rheinischen Landesmuseum (Bonn) befinden, berichten über einem Ortswechsel von

Das Kloster Marienstatt beherbergt außer der Brauerei ein Kloster-Gymnasium

Altenklosterhof hierhin. Die Gottesmutter sei Abt Hermann im Traum erschienen und habe ihn auf einen mitten im Winter blühenden Weißdornstrauch als neuen Klosterstandort hingewiesen. Damit verbunden ist die Namensgebung „locus Sanctae Mariae" - Stätte Mariens. Zur Erinnerung an diese Begebenheit nahm die Abtei einen blühenden Weißdornzweig in ihr Wappen auf. Weiter geht es durch den Klostergarten und vorbei an der Klosterkirche zur klösterlichen Brauerei. Hier wird schon seit 1362 Bier gebraut. Im baumbestandenen Biergarten kann man das Marienstätter Klosterbräu, ein dunkles, untergäriges, naturtrübes Landbier, genießen, aber auch den Abteilikör oder selbst gebackenen Blechkuchen.

Von dort wendet man sich nach links und überquert eine mittelalterliche Brücke, um ein kleines Stück nach links wieder auf dem Weg zu laufen, auf dem man schon auf dem Hinweg war. An der nächsten Abzweigung biegt man dann aber nach links und folgt weiter dem Flusslauf. Mit Blick auf das weithin sichtbare Schloss Hachenburg gelangt man zu einer kleinen Brücke und einer Furt durch die Nister.

Dort befindet sich eine ehemalige Wassermühle. Die **4** Nistermühle wurde 1234 erstmals urkundlich erwähnt und brannte 1913 fast vollständig ab. 1944 bot die neu aufge-

TOUR 30

Hoch über dem Nistertal thront das Hachenburger Schloss

baute Mühle dem späteren ersten Bundeskanzler Konrad Adenauer 1944 Schutz vor der Gestapo, woran dort eine Gedenktafel erinnert.
Nach der Unterführung der Straße gelangt man über die Friedhofstraße bis ins Dorfzentrum. Anschließend biegt man nach links auf die Hachenburger Straße, um nach knapp 50 Metern rechts in den Auenweg einzuschwenken. (Alternativ kann man das Dorf auch auf dem Westerwaldsteig südlich umwandern.) Dem Auenweg folgend unterquert man die Bundesstraße und gelangt über die Nisterbrücke ins romatische Holzbachtal. Hier geht es auf dem Philosophenweg stetig bergan. Man folgt ein kleines Stück der Bahnlinie nach rechts, die man über eine Rundbrücke überquert und läuft auf der anderen Seite ein Stück, bevor man nach links über die Felder und am Reitstall vorbei geradewegs durch die Parkmauer hinein in den Hachenburger Burggarten gelangt, wo unterhalb der Parkplatz liegt.

Man sollte jedoch nicht versäumen, sich die kleine historische Innenstadt von Hachenburg, das in diesem Jahr sein 700-jähriges Bestehen feierte, anzusehen. Das Schloss oberhalb des mittelalterlichen Marktplatzes ist leider nicht zu besichtigen, da sich darin die Akademie der Bundesbank befindet. Es wurde als Burg um 1180 durch den Grafen Heinrich II. von Sayn gegründet. Das Stadtrecht erhielt Hachenburg 1314 durch König Ludwig dem Bayern. Das älteste Haus (15. Jahrhundert) am Marktplatz liegt direkt unterhalb des Schlosses: im „Steinernen Haus" befindet sich das Hotel/Restaurant Zur Krone. Die anderen Fachwerkhäuser rund um den Löwenbrunnen stammen aus der Zeit nach dem letzten Stadtbrand im 17. Jahrhundert. Gegenüber der Krone gibt es noch das alte Uhrmacher-Haus.

Info

H	RB 10929 oder S 12 bis Au/Sieg, dann VEC 25729 bis Altenkirchen, dann VEC 25733 bis Hachenburg
P	Parkplatz Burggarten, Hachenburg
🗺	Ferienland Westerwald: Hachenberg/Selters (Blatt 1)
🍴	Café Neue Galerie Wilhelmstraße 19 57627 Hachenburg www.neue-galerie-cafe.de täglich geöffnet Marienstatter Brauhaus 57629 Marienstatt www.abtei-marienstatt.de täglich geöffnet (Nov.-April: Mo. Ruhetag)
🛏	Haus Linn Pension-Bed & Breakfast Ecke Borngasse/Schulstraße 57627 Hachenburg www.haus-linn.de Hunde auf Anfrage erlaubt
i	Touristinformation Hachenberg Perlengasse 2 57627 Hachenburg Tel.: 02662-958339 www.hachenburg.de Landwirtschaftsmuseum Westerwald Leipziger Straße 1 57627 Hachenburg www.landschaftsmuseum-westerwald.de Mo. Ruhetag
✚	Kleintierpraxis am Schloss Hachenburg Schießrain 15 57627 Hachenburg Tel.: 02662-7743 www.tierarztpraxis-dr-gerhardus.de

Tipp

Auch ein Besuch im Landschaftsmuseum Westerwald lohnt sich. Das liegt oberhalb der Stadt schräg gegenüber dem Burggarten. Dort erfährt man vieles über die Kulturgeschichte des Westerwaldes vom 18. bis zum 20. Jahrhundert. Acht typische Gebäude zeigen das bäuerliche Leben und Arbeiten, wie es im Westerwald bis um 1960 üblich war. Eine Scheune, ein Backhaus, eine Ölmühle und eine Dorfschule sind hier im Original wieder aufgebaut worden. In Ausstellungen erfährt man, wie Tischler, Töpfer, Schmiede und andere Handwerker ihre Gerätschaften erzeugten. Rund um die historischen Gebäude werden Küchen- und Heilkräuter, Blumen, Garten- und Feldfrüchte angebaut.

Mark Lederer

Stadtführer für Hunde
FRED&OTTO
Unterwegs in Düsseldorf

Inga F. Sprünken

Stadtführer für Hunde
FRED&OTTO
Unterwegs in Köln

Überall im Buchhandel erhältlich! 14,90 €